老莊智慧

談職場逆中求勝法則

朱榮智　著

目次

陳　序 001

自　序 005

向老子學領導智慧 011

從老子談職場求生法則 033

從老子談職場競爭法則 059

從老子談職場必勝法則 083

從莊子談職場抗壓法則 095

從莊子談職場快樂法則 117

從莊子談職場成功法則 161

附錄

- 知止的管理智慧 193
- 知止——職場成功的教戰守策 197
- 樂在心中 241

陳 序

人類的智慧，與其才、學、識與思維（創造）力，是息息相關的。

以才、學、識來說，「才」與「學」二者，屬於互動之「二元」，很早就受到重視，《文心雕龍‧事類》說：「屬意立文，心與筆謀，『才』為盟主，『學』為輔佐，主佐合德，文采必霸，『才』、『學』褊狹，雖美少功。」如此以「盟主」與「輔佐」來看待「才」與「學」二者，顯然注意到了它的邏輯層次。到了後來，又注意到了「識」，合為「才、學、識」三者，譬如袁枚《續詩品注‧尚識》就說：「『學』如弓弩，『才』如箭鏃，『識』以領之，方能中鵠。」他在此特別凸顯了「識」的重要。而「識」就是智慧。

以思維力來說，智慧乃創造的原動力，林崇德指出：「創造力即產生新思想、新發現和新事物的能力。創造性思考能力是創造力的核心，它是一種極其重要的心裡質素，是人的本質力量的表現。新思想、新理論、新技術、新產品的創造。……人類的文明史，就是一部人類創造新世界的歷史。」（《高中生心理學》，頁 113）而這種創造力是經由觀察力、記憶力、聯想力、想像力所開展出來的新結晶。人類之所以有「新思想、新理論、新技術、新產品」，就靠這種寶貴的創造力。

這些思維能力，如果從它們的邏輯關係來說，它們初由「觀察力」與「記憶力」的兩大支柱豐富「意象」（舊），再由「聯想力」與「想像力」的兩大翅膀拓展「意象」，接著由「形象」與「邏輯」的兩大思維運作「意象」，最後由「綜合思維」統合「意象」（新），以發揮最大的「創造力」。如此由舊意象創生新意象，週而復始，便形成「螺旋」關係（拙著《多二一（0）》螺旋結構論》，頁1-298）以反映「思維（意象）系統」或「層次邏輯」。

這種思維系統，如果對應於才、學，識，則顯然其中的「才」，是對應於「思維」主體的資質稟賦，亦即隱性「創造力」來說的，屬於智能（智力）層，為「思維」之潛能，以觸生「意象」；「學」是對應於「觀察」與「記憶」來說的，屬於知識層，為「思維」之基礎，以儲存「意象」；而「識」則是對應於顯性「創造力」來說的，屬於智慧層，為「思維」之無限開展，藉以提昇或創新「意象」而由「隱」而「顯」地組成「意象系統」。

而這種結構或系統，普遍存在於事事物物，不但可適用於哲學、藝術文學、心理學、美學等領域，也適用於科技領域。因此盧明森說：「它（意象）理解為對於一類事物的相似特徵、典型特徵或共同特徵的抽與概括，同時也包括通過想像所創造出來的新的形象。人類正是通過頭腦中的意象系統來形象、具體地反映豐富多彩的客觀世界與人類生活的，既適用於文學藝術領域、心理學領域，又適用於科學技術領域。」（黃順基、蘇越、黃展驥主編《邏輯與知識創新》，頁430）既然如此，自然同樣適用於「職場」領域，而成為「逆中求勝」的法則。

作者朱榮智教授在本書裡提出「逆中求勝」的原則，簡單地說，是源自老子「反者道之動」與莊子「復通為一」的思想智慧。老子說：「反者，道之動；弱者，道之用。天下萬物生於有，有生於無。」（四十章）又說：「有物混成，先天地生，寂兮寞兮，獨立不改，周行而不殆，可以為天下母，吾不知其名，字之曰道，強為之名曰大。大曰逝，逝曰遠，遠曰反。」（二五章）在此，老子特別著眼於「反者道之動」過程上，反覆闡述「物極必反」而又「相反相成」的 道理，而「相反」必「相成」，其結果，就是「返回」至「道」的本身，這可說是萬物不斷地變化之無限歷程。而莊子則說：「凡物無成與毀，復通為一。唯達者知通為一。」（〈齊物論〉）顯然地，這已超越了過程，專力著眼於變化的結果，亦即「道」的本身來說，認為「道是客觀存在，不依靠人的主觀意識而存在。這個物質世界是可以被認識的（『唯達者知通為一』），一切個別的事物不能違反這個宇宙發展的規律，人人必須隨順自然（天道服從自然的規律），否則即陷於悲劇的結局。」（《宗白華全集》2，頁821）

因此單就「逆中求勝」而言，老莊的智慧確是可以適應無窮的。而本書作者就此推衍論述，從頭到尾，全屬智慧的語言。相信影響所及，將使所有的職場都能啟動螺旋，「逆中求勝」，止止不息，繼續獲得成功的果實。

作者是我四十多年前在臺灣師大執教時的學生，勤奮好學，努力不懈。他唸完大學後，又相繼攻讀碩士、博士，民國七十年取得博士學位，成績優異，留在母校服務。七年前從師大退休，轉任元培科技大學，先後擔任該校秘書室主任、學務長等重要行政職務，頗受學校器重。平日教學認真，是學生非常敬愛的老師；同時，研究甚勤，著作有三、四十種之多。近年來經常被邀請赴大陸講學，是海峽兩岸知名的中文系學者。作者最近又有新作，請我先睹為快，並為作序。

陳滿銘 序於國文天地雜誌社
2011 年 6 月 30 日

自 序

人生像一本支票簿，支票的價值靠自己去填寫；人生像一把胡琴，有人能彈出美妙的音樂，有人只能彈出幾個單音。人生像一幅畫布，每個人都是畫家，每個人手上都握著一些畫筆，畫布上是傳世不朽的作品，或是沒有價值的塗鴉；是彩色呢？還是黑白呢？全看自己的作為。

21 世紀是個典型 10 倍速的世代，沒有一個時代比現在變的這麼快、這麼多、這麼大，急遽快速的競爭，是這個時代的最大特色。物競天擇，適者生存，我們不能遮著眼睛，以為看不見；我們不能摀著耳朵，以為聽不見；我們不能有鴕鳥心態，只是關起門來當宅男、宅女，不與世界接軌。如何提昇個人職場的競爭力，成為現代人共同必修的重要課程。

處於 21 世紀的今天，全球化的職場趨勢，決定職場上的最重要競爭力，不是學識和專業，而是人際關係的能力。任何職場的人，工作是否成功、愉快，最重要的是看他的人格特質。態度決定高度，一個人的工作態度，決定他在職場上能否成功？能否勝任？一個主動、積極、樂觀、負責的人，一定比被動、消極、悲觀、不負責的人，更容易成功，更能勝任職責。一個具有愛心、耐心、信心，樂於與人為善，肯付出、肯犧牲，親切友善，分工合作的人，屬於正向人格特質，是職場上常勝不敗的重要關鍵。

儒、道是中華文化的兩大主流，老子與莊子是道家最重要的代表。老子的思想，除了政治思想之外，他的人生哲理，對於世世代代都有很深遠的啟發和影響，每個中國人的血液中，隱然都含有老子人生智慧的因子，都會從老子的思想中學到追求幸福、快樂的人生的要訣，在職場求生、必勝、競爭法則方面，老子的人生智慧，當然也有值得大家思考、啟迪的地方。

莊子有很高明的智慧，又有非常豐富的想像力，他的學養很淵博，觀察力很精細，而且富於幻象，一草一木，一花一石，各種珍異的禽獸，以及神仙鬼怪，一到了莊子筆下，全都成了靈動、活潑，有生命力。莊子往往以象徵性的語言，詼諧的筆調，反映他對凡俗的嘲弄，但是在揶揄聲中，又隱含悲憫與同情，我們解讀莊子，不只推崇他是一位了不起的思想家、政治家，他在職場上的抗壓、快樂、成功法則，也有許多值得我們學習的地方。我們從職場的角度來看，可以得到許多鼓勵和啟發。

把古人的智慧，化成我們生命的養料，一直是我個人研究、教學古代典籍的目標。面對競爭非常激烈的現代社會，我們如何提昇個人的職場競爭力，在老子與莊子的思想中，實有許多值得借鏡和取法的地方，哲人雖已遠，典型在夙昔，學習老莊的思想，在職場上、在生活上，都能受益無盡，璀璨亮麗。

職場像戰場。在這競爭非常激烈的現代社會，人浮於事，一職難求。不管是職場上的卡位戰，或是保衛戰，都是戰況激烈，「物競天擇，適者生存。」這是不爭的事實。很多人為了保護自己，求得生存、發展，在殘酷的現實裡翻滾、致勝，往往不擇手段，犧牲別人，廝殺喊打，宛如殺戮戰場，十分殘酷悲壯。

職場像運動場。從另一個角度來看，職場應如運動場，是鍛鍊體能，增進健康，快樂的場所。有體力，才有活力；有能力，才有機會。機會是留給準備好的人。我們不能改變天氣，但是我們可以鍛鍊身體，有強壯的身體，就不怕天氣的冷暖變化，風雨的侵襲。只要我們練就一身的本領，不怕沒有揚眉吐氣、出人頭地的一天。

職場像競技場。把職場比喻為戰場，未免太殘忍，太悲觀，必較客觀的說法，職場像是競技場。大家在共同的舞台上，一方面互相較勁，一比高下；一方面彼此觀摩、學習成長。在競技場上，當然也有優勝劣敗之分，但是不像戰場上爭個你死我活的，十分的慘烈。

職場像秀場。在人生的舞台上，每個人都是自己生命中的主角，每個人都有責任演好自己的角色，任何一次的演出，都要像過河卒子，只能勇往直前。在人生舞台上，往往沒有預先排練的機會，隨時都要準備粉墨登場，我們只能靠平時一點一滴的努力，抓住每一個訓練的時刻，不斷增添自己的演出技巧。

職場像遊戲場。苦樂只是一念之差，把工作當成一件苦差事，當成情不得已的事，就不會從工作中得到快樂，如果把職場視如遊戲場，放鬆心情，不計較利害、得失，自然能夠快樂自在。常常保持對工作的新鮮感和好奇心，每天給生命一點新的契機，工作的壓力就會逐漸減少，而快樂指數就會逐漸增加。

法國大文豪雨果說：「世界最寬廣的是海洋，比海洋寬廣的是天空，比天空寬廣的是人的心靈。」轉個彎，人生更精彩。很多人都想在職場上求生、成功、必勝，而且有勇氣面對競爭、壓力，而得到工作上的快樂和成就，關鍵在於能否具有正向的人生態度，能不能有信心、有決心、有恆心、有能力、有毅力，才能在職場中脫穎而出，取得必勝。

本書除了從老、莊智慧談職場逆中求勝法則，〈知止－職場成功的教戰守則〉一文，主要在論述知止在處世方面的運用。現在是工商企業時代，工商企業的經營，不外是管事與管人，所謂管事，指的是企業的生產和經營；所謂管人，指的是企業內部和外部的各種人際關係。管事與管人是聯繫一起的，從本質上來說，把人管好了，企業就興旺發達了。我們要獲得職場的成功，不管是當伙計，或是當老闆，都要學習知止的思想，知其所止，止其所止，止所不止。

笑是靈魂的音樂，笑容是最好的佈施，愉快的性格是成功的標記。〈樂在心中〉一文，主要強調如何使心中有愛，生活美滿。在生活中有歌、有詩，在生活中有愛、有美。

美麗從心開始，人不因美麗而可愛，是因可愛而美麗。心中有愛，人生最美。愛是一分關懷，一分體貼，一分包容，一分接納。這個世界因為有愛而更為光輝亮麗，這個世界如果少了愛，也就少了色彩，少了光芒。

愛心讓彼此的距離更接近。真正的慈悲，沒有憤怒，只有愛，快樂的祕訣就是寬恕。圓融是智者的通達，寬厚是智者的度量，行善是勇者的志業。快樂來自有意義的生活，尋找快樂的秘方，就是多和快樂的人在一起，多和有愛心的人在一起，因為熱情能讓生活加溫。

向老子學領導智慧

一　前言

企業的管理，是以人為核心，以事為手段，以物為工具，與時間競走，而要達到生存和成長的目的。物是死的，事是人做出來的，時間由人來掌握，所以，企業的成敗，最重要的是人的因素，人的問題解決了，世界的問題就解決了。

《老子》是僅次於《聖經》而被翻譯為最多外國文字的一本書，老子的智慧，可以說是無遠弗屆，歷久彌新。當前，西方許多先進國家更把《老子》一書，視為管理學的重要教材，因為過去的資本主義價值觀和管理模式，已不能符合現代社會的需求。長久以來，人類一直處在恐懼、不安、貧乏的狀態，人從物質上的追求，只能得到一時的、短暫的滿足，人只有從心靈上得到完全的自由解放，才能得到完整的、持久的滿足。

老子的智慧，不只有助於個人心靈的成長，也適用於家庭、社會與職場。在自我管理及與他人互動的關係，都有很大的助益。

二 認識職場

所謂的職場，簡單的說，就是就職的場所。每一個人立身處世，都要有一份工作，以養家活口。父母生育、養育、教育我們，到了我們有能力獨立自主的時候，就像鳥兒羽翼豐滿，要自己展翅飛翔，自謀生機。我們不能依靠父母一輩子，父母養育我們辛勞、恩德，在我們有能力的時候，也要盡心回報，何況長大後，每個人都要成家立業，不只要養活自己，也要有能力養活家人，甚至幫忙社會上許多孤苦無助的人。

職場上的工作，我們可以只把它當成一份職業，也可以把它當成一份事業，甚至把它當成一份志業。美國心理學家馬士洛提出人生的五大需求，一是生理的需求，二是安全的需求，三是愛的需求，四是尊重的需求，五是自我實現。人是為理想而生。生命的存在，不是為著生存而已，而是要追求生命的價值。因此，職場上的工作，絕不只是為了混一口飯吃，經濟上的收入，只是工作的報酬之一；樂在工作，樂在服務，從工作中得到快樂，從工作中得到助人的成就，也是工作報酬的內涵。

（一）職場如戰場

在這競爭非常激烈的現代社會，人浮於事，一職難求。不管是職場上的卡位戰，或是保衛戰，都是戰況激烈，「物競天擇，適者生存。」這是不爭的事實。很多人為了保護自己，求得生存、發展，在殘酷的現實裡翻滾、致勝，往往不擇手段，犧牲別人，廝殺喊打，宛如殺戮戰場，十分殘酷悲壯。

（二）職場如運動場

從另一個角度來看，職場應如運動場，是鍛鍊體能，增進健康，快樂的場所。有體力，才有活力；有能力，才有機會。機會是留給準備好的人。我們不能改變天氣，但是我們可以鍛鍊身體，有強壯的身體，就不怕天氣的冷暖變化、風雨的侵襲。只要我們練就一身的本領，不怕沒有揚眉吐氣、出人頭地的一天。

（三）職場如競技場

把職場比喻為戰場，未免太殘忍、太悲觀，比較客觀的說法，職場像是競技場。大家在共同的舞台上，一方面互相較勁，一比高下；一方面彼此觀摩、學習成長。在競技場上，當然也有優勝劣敗之分，但是不像戰場上爭個你死我活的，十分的慘烈。

（四）職場如秀場

把職場比喻為秀場，是最為樂觀、開通的想法。人生如戲，生、旦、淨、末、丑，每一個人在戲中的份量，輕重各有不同；在現實生活中，有人身居要津，有人隨侍左右；有人坐轎，有人抬轎，各有各的職分。

在人生的舞台上，每個人都是自己生命中的主角，每個人都有責任演好自己的角色，任何一次的演出，都要像過河卒子，只能勇往直前。在人生舞台上，往往沒有預先排練的機會，隨時都要準備粉墨登場，我們只能靠平時一點一滴的努力，抓住每一個訓練的時刻，不斷增添自己的演出技巧。

當然，不管是演戲或是看戲，在秀場上一定要賓主同歡。用快樂的心情去看待職場，才能樂在工作，樂在生活。

（五）職場如遊戲場

東方人和西方人對人生的態度不同，西方人把生活當成一種享受，所以很快樂，東方人把生活當成一種責任，所以很痛苦。如果我們把職場上的工作，只當作是謀生的手段，人成了生活的奴隸，人生就很不快樂了。把工作當作是一件很快樂的事，甚至是一項遊戲，就能樂在其中，幸福無比。

快樂只是一念之差，把工作當成一件苦差事，當成情非得已的事，就不會從工作中得到快樂，如果把職場視如遊戲場，放鬆心情，不計較利害、得失，自然能夠快樂自在。常常保持對工作的新鮮感和好奇心，每天給生命一點新的契機，工作的壓力就會逐漸減少，而快樂指數就會逐漸增加。

三　領導者的人格特質

領導統御，是管理學最重要的課題。人是企業的核心，企業的成功靠人，企業的失敗由人。人是最複雜的動物，人有自由意志、自由思考的能力，領導者如何運用智慧和能力領導部屬，是非常不容易的。這種能力並非完全來自先天，而是可以後天學習、培養。一般而言，領導者的人格特質，可以歸納為以下各點：

1 專業

專家才是贏家。在這科技非常發達的時代，各行各業分工十分精密，任何企業的成功，必然要有不同於別的公司、商店的地方，在產品、行銷、制度各方面，一定要有獨到的特色。

企業領導者是企業的主腦，負責規劃、執行企業的運作與發展，當然要對企業本身最熟悉、最專業，才能以專精的能力信服於員工。

2 機智

「天有不測風雲，人有旦夕禍福。」世事難料，企業領導者遇到任何緊急危險狀況，一定要有能力謹慎戒惕，機智靈巧的處理，化危機為轉機。

在詭譎多變的現代社會，商場如戰場，企業的領導者一定要有智慧、能力，掌握趨勢，預見未來，與時推移，不能墨守成規，趕不上時代的進步，而被犧牲、淘汰。

3 勇敢

企業領導者是企業成敗的關鍵，一家企業沒有良好的績效，該替換的是老闆而不是員工。企業領導者要有能力、有擔當負責推動企業的有效率的發展。企業領導者是企業的領航員，是企業的創造者，要有萬夫莫敵、雖千萬人吾往矣的勇敢精神和氣概，義無反顧，捨我其誰，才能作為全體員工好的榜樣和示範。

4 有衝勁

任何事業的成功，都是拼出來的。企圖心是成功的基礎，有強烈的企圖心，才會有旺盛的戰鬥力。一個不想成功的企業領導者如何能夠帶領全體員工苦幹、實幹，共同為企業的永續發展而努力呢？

有活力才有魅力，一個有衝勁的企業領導者，才能贏得員工的敬重與信服。企圖決定版圖，企業領導者的企圖心、衝勁，決定企業未來的發展。

5 有遠見

世界經濟、政治、社會的發展，瞬息萬變，沒有一個時代比現在變得這麼快、這麼多、這麼大，企業領導者要有恢宏的胸襟和氣度，掌握時代潮流、社會脈動。

盲目的前進，只是莽夫的行為，任何企業的經營，最重要的是目標設計，經營者必須非常熟悉自己的條件和能力，必須很清楚自己所經營的企業，要往哪裡去？能往那裡去？以及自己的優勢、劣勢、機會、限制。企業領導者要有宏觀、遠見，才能帶領企業邁向巔峰。

6 有說服力

尊重人性，是管理之本。和諧的人際關係，是企業成功的礎石。不管是個人的立身處世或是跨國大企業的經營管理者，如果人事不安定，一定都會發生嚴重的問題。企業領導者如何帶領全體員工成為一支強而有力的團隊，發揮最好的績效，最積極的方法，就是適時的激勵，優渥的待遇和獎金，不全然是員工努力工作的動力，舒適的工作環境，被尊重、有參與感、有成就感、有光明的前途……，往往是員工最在乎、最期盼的，企業領導者必須針對員工的需求，給予合理的滿足，才能達到管理的功能。

7 能包容

企業領導者必須用人唯才，適才適用。企業領導者必須了解每個人的才華、能力，各有所偏，「金無十足，人無十全。」對於所屬員工，要重用其長才，而容忍其短處，不能求全責備。所謂人性管理，就是對員工的合理要求。

四　老子的領導智慧

1　順應自然

老子的哲學思想，以天道為基礎，老子認為天道是宇宙生命的本源，天地萬物恃之而生，《老子》第四十二章：「道生一，一生二，二生三，三生萬物。」第二十五章：「有物混成，先天地生。寂兮寥兮，獨立而不改，周行而不殆，可以為天下母。吾不知其名，字之曰道。」老子所謂的道，是指天地尚未創生以前就已經存在的一個渾然天成的東西，這個東西並不是一個實體，而只是一種抽象的存在，它既無聲音，也無形體，但卻獨立於萬物之上，而恆久不變，運行於宇宙之中而永不止息。

道的特性很多，一是不偏不私，純任自然。《老子》第五章：「天地不仁，以萬物為芻狗。」二是無為而無不為。《老子》第五十一章：「道生之，德畜之，長之，育之，亭之，毒之，養之，覆之。生而不育，為而不恃，長而不宰，是謂玄德。」道體順應自然，不造不設，好像是無所作為，但是萬物都是由道而生，恃道而長。

第三，無欲不爭。《老子》第二章：「萬物作焉而不辭，生而不育，為而不恃，功成而不居。」第七章：「天長地久。天地所以能長且久者，以其不自生，故能長生。」

第四，守柔處下。《老子》第四十章：「反者，道之動；

弱者，道之用。」道的化生萬物，是很柔弱緩慢的，卻循環反覆，生生不已。聖人法天而行，也要能做到不爭和處下，才能「配天之極」，與天道合一。

老子認為宇宙的運行，有一定的秩序，周而復始，循環不已，人只要法天而行，過自然的生活，就是最真實的生活，也是最快樂的生活。快樂只是一種心境，並不是要有很富裕的物質生活，很奢侈的現代化享受，人才能得到幸福與快樂；相反的，如果一個人沉迷在奢侈淫靡的生活享受，永無止境的追求，不但不能增加快樂，反而帶來痛苦與煩惱，所以老子的人生理想，是過著簡單的生活、自然的生活。老子無為的思想，運用到人生的態度，就是告誡世人要不爭，要守柔處下，要歸根復命，要絕巧棄利，順天而為。「自然」是天道的法則，人效法天道，也要追求自然的生活。

2　無為自化

人君施政的原則，除了守道抱一，還要強調無為自化，以無為的方法，達到自化的目的。《老子》第五十七章：

> 以正治國，以奇用兵，以無事取天下。吾何以知其然哉？以此。……故聖人云：我無為而民自化，我好靜而民自正，我無事而民自富，我無欲而民自樸。

在老子看來，「天下神器，不可為也。為者敗之，執者失之。」

（第二十九章）所以高明的政治，是「處無為之事，行不言之教。」（第二章）「聖人常無心，以百姓心為心。」（第四十九章）「為無為，事無事，味無味。」（第六十三章）

3 去甚，去奢，去泰

《老子》第三十九章：「聖人去甚，去奢，去泰。」所謂甚，所謂奢，所謂泰，都是偏執過量的意思。凡事過猶不及，凡事偏了都不好。沒有得吃，固然無以為生，吃太多，也有害健康。老子主張順應自然，依道而行，反對智巧，反對作為，尤其是太甚，太奢，太泰，都是違反自然之道。

《老子》第六十七章：「我有三寶，持而保之。一曰慈，二曰儉，三曰不敢為天下先。慈故能勇，儉故能廣，不敢為天下先，故能成器長。今舍慈且勇，舍儉且廣，舍後且先，死矣！」老子說：「我有三種寶貝，持有而不失去。第一種是慈愛，第二種是儉嗇，第三種是不敢為天下先。慈愛則視人民如赤子而盡力保養，所以能產生勇氣；儉嗇則蓄精積德而應用無窮，所以能致廣遠；不敢為天下先，則反而能得到人民的愛戴，而為萬物之長。如果不能慈愛，而但求勇敢，不能儉嗇而但求廣遠，不能後人而但求爭先，那就走向死亡之途了。」

《大學》：「《楚書》曰：楚國無以為寶，惟善以為寶。」又：「舅犯曰：亡人無以為寶，仁親以為寶。」楚國以善為寶，晉國的舅犯告訴流亡在外國的公子重耳，要以仁親為寶，這是儒家談治國之道，修身之理，偏重親近善人、仁愛人民，以仁為核心的人文思想，老子則是以慈、以儉、以不敢為天下先為寶。雖然不像儒家強調主動積極，舍我其誰、當仁不讓的精神，其目的仍在求無為而無不為，以退為進。

以不敢為天下先為例，《老子》第三十九章：「貴以賤為本，高以下為基。是以侯王自謂孤、寡、不穀，此非賤為本耶？」侯王以孤、寡、不穀自稱，這是自處卑下的作為，其目的則是要先民、上民，所謂「以其不爭，故天下莫能與之爭。」慈者，慈愛人民。老子是個反戰主義者，認為兵者不祥之器，人人都厭棄它，有道的人不用它。《老子》第三十章：「以道佐人主者，不以兵強天下，其事好還，師之所處，荊棘生焉，大軍之後，必有凶年。」第六十八章：「善為士者不武，善戰者不怒，善勝敵者不與。」老子反對逞兇鬥狠，《老子》第四十六章：「天下有道，卻走馬以糞；天下無道，戎馬生於郊。」剛強易摧，真正的勇者，不是逞強好勇，善戰求勝，而是守柔的慈者。慈者看起來是柔弱的，其實是堅強者，勇者看起來很剛猛，結果是最早摧折。

儉是儉嗇的意思，《韓非子・解老》：「智士儉用其財則家富，聖人愛寶其神則精盛。人君重戰其卒則民眾，民眾則國廣。」廣不一定指國廣，家富、精盛，都可用廣。《老子》五十九章：「治人事天，莫若嗇。夫唯嗇，是謂早服。早服謂之重積德。」早服，謂早服從於道。嗇有愛惜的意思，治人、修身，最重要的是愛惜精神。黃老養生之道，最為強調的就是愛惜精神，愛惜精神才能早服於道而厚積德。

4 治大國，若烹小鮮

小國寡民的社會，只是老子描繪的政治遠景，而其立意，主要仍在如何才能使政治安定清明，人民幸福享樂。老子認為人君施政的方法，貴能把握無為的原則，要能清靜而不擾民，使人民不覺得行政的壓力，人民能夠過著和平自由的生活，這就是政治的最高理想。《老子》第十六章：

> 治大國，若烹小鮮。以道蒞天下，其鬼不神；非其鬼不神，其神不傷人；非其神不傷人，聖人亦不傷人。夫兩不相傷，故德交歸焉。

烹煮小魚，不能常常翻動，如果常常翻動，烹煮的小魚就容易破碎。施政的原理也是如此，治國之道，貴能清靜無為，不要有繁苛的政令，打擾人民的生活，如果政令太過繁苛，人民不堪其擾，國家就會混亂了。以清靜無為的原則治理天下，天神人鬼都能各安其位，而不會傷害於人，在上位的國君與在下位的人民，都不會受到傷害，就能夠一起歸化於德了。《老子》第三十五章：

> 執大象，天下往；往而不害，安平太。

人君治理國家，如果能夠抱守大道，處無為之事，行不言之教，天下人就會歸往於他，歸往於他而不受到一點傷害，天下自然太平安寧。反之，如果在上位的人，政令繁苛擾民，賦稅太多，妄作亂為，使得人民無所適從，天下必然大亂。《老子》第七十五章：

> 民之饑，以其上食稅之多，是以饑。民以難治，以其上之有為，是以難治。民之輕死，以其上求生之厚，是以輕死。夫唯無以生為者，是賢於貴生。

如果人民飽受苛刑暴政的逼迫，到了不怕以死來反抗的時候，執政的人用死來威脅他們也是沒用的。（《老子》第七十四章：「民不畏死，奈何以死懼之。」）因此，老子認為在上位的人，恬淡無欲，清靜無為，比起貴生厚養，要高明多了。《老子》第五十八章：

> 其政悶悶，其民淳淳；其正察察，其民缺缺。

執政者無為無事，政治好像昏暗不明，人民卻能享有安定自由的生活，民生日趨淳厚；執政者施政嚴明，太多作為，人民反而行險詐偽，民風日趨澆薄。

5 棄智絕欲

很多人誤以為老子是位反智主義者、絕欲主義者，因為《老子》第十八章說：

> 智慧出，有大偽。

第十九章：

> 絕聖去智，民利百倍；絕仁棄義，民復孝慈；絕巧棄利，盜賊無有。

第四十八章：

> 為學日益，為道日損。

第六十五章：

> 古之善為道者，非以明民，將以愚之。民之難治，以其智多。故以智治國，國之賊；不以智治國，國之福。

以上數章，是老子反對智巧的言論。《老子》第三章：

> 不尚賢，使民不爭；不貴難得之貨，使民不為盜；不

見可欲，使民心不亂。是以聖人之治，虛其心，實其腹，弱其智，強其骨。常使民無知無欲，使夫智者不敢為也。為無為，則無不治。

第十二章：

五色令人目盲，五音令人耳聾，五味令人口爽，馳騁畋獵令人心發狂，難得之貨令人行妨。是以聖人為腹不為目，故去彼取此。

第十九章：

見素抱樸，少私寡欲。

第五十七章：

天下多忌諱，而民彌貧；民多利器，國家滋昏；人多伎巧，奇物滋起；法令滋彰，盜賊多有。

以上數章，是老子反對太多欲望的言論。由以上徵引的文字來看，好像老子是主張愚民政策，讓人無知無欲，以便於治理。

其實，老子是用心良苦，他是個智者，他見出天下的動亂，是起於爭求，人生的痛苦，源於欲望太多。追求智慧，追求欲望，是與生俱來的本能，只要是人，便會求知、求欲，「吾所以有大患者，為吾有身；及吾無身，吾有何患？」（第十三章）人有了身體，便有了欲望，有了欲望還不滿足，便有痛苦，甚至有禍患。老子也是知道去智、絕欲是不可能的，所以只主張「見素抱樸，少私寡欲。」表現純真、抱持質樸、減少私心、降低欲望，同時，一再強調：「禍莫大於不知足，咎莫大於欲得。故知足之足，常足矣！」（第四十六章）「知足不辱，知止不殆，可以長久。」（第四十四章）「智足者富。」（第三十三章）所以，老子並不是主張絕欲，欲望是無法斷絕的，老子只是主張不要貪求，而要有節制，在位者更要以身作則，為民表率，不要倡導奇巧，追求私欲，而使人民歸於純樸自然的生活。至於智巧方面，老子也是標榜自然無為，依道而行，以免奇物滋起，亂事迭生，人民未蒙其利，先受其弊。與其因為提倡智巧，而使得爭奪愈多，盜賊蠭起，還不如絕巧棄利。當然，老子反對智巧，並不是要愚民，而只是反對妄用智巧，興起詐偽，一切順應自然，不刻意表現自己的機巧智慧。

再者，老子認為最理想的社會，是大道普行的時候，家家出孝子，人人講忠信，根本不必談仁義道德，人民的生活就已經做到仁義道德，等到大道廢棄，民風不純，再提倡仁義道德，就已經是失去仁義道德。上古時候，人民誠實質樸，不識不知，根本沒有虛偽詐騙；到了中古的時候，民情日鑿，民事日繁，於是治理天下的人就運用智慧，創設法令來治理人民，殊不知智慧一出，虛偽詐騙反而隨之而來。太平盛世，六親相和，國家清明，到了後來，六親不和、國家昏亂，才有所謂孝慈、忠臣。《老子》第三十八章：

> 故失道而後德，失德而後仁，失仁而後義，失義而後禮。夫禮者，忠信之薄，而亂之首。

所以老子「絕聖棄智」、「絕仁棄義」、「絕巧棄利」的目的，是為了「民利百倍」、「民復孝慈」、「盜賊無有」，希望施政者能夠使政治回復上古時代，大道普行的時候，不談仁義，民風自然純樸；不倡智慧，虛偽詭詐不生。施政者愈多作為，愈是干擾人民自由的生活，無為自化才是政治的最高理想。

6　致虛守靜

《老子》第十六章：「致虛極，守靜篤。萬物並作，吾以觀復。夫物芸芸，各復歸其根。歸根曰靜，是謂復命。」「致虛」，是消除心知的作用，使內心空虛無知。「守靜」，是去除欲念的煩惱，使內心安寧靜默。人的心靈本來是虛明寧靜的，但是往往為私欲所蒙蔽，因而觀物不得其正，行事不得其常。我們要努力做到「致虛」，「守靜」的功夫，以恢復原有的虛明寧靜。

道體虛靜。道的化生萬物，使天地萬物生長、活動，都是虛、靜的作用，虛是指由無到有，再由有反無；靜是萬物的根源，萬物雖然繁複眾多，但是最後還是回復它們的本性。回復根源又叫「復命」，這是萬物變化的常規。

致虛守靜是一個人成功的重要條件。《荀子．解蔽》：「虛一而靜，謂之大清明。」虛靜的功夫，是很重要的。《老子》第五章：「天地之間，其猶橐籥乎？虛而不屈，動而愈出，多言數窮，不如守中。」橐籥，冶鐵所用吹風熾火之器。天地之間，像是一具風箱，風箱內容空虛，而能生風不已，天地也是廓然太虛，而能包容萬物，化生萬物，無窮無盡，生生不息。

對於靜字，老子有很高明的看法。《老子》第二十六章：「重為輕根，靜為躁君。是以聖人終日行不離輜重，雖有榮觀，燕處超然。奈何萬乘之君，而以身輕天下？輕則失根，躁則失君。」又第四十五章：「靜勝躁，寒勝熱，清靜為天下正」。凡物輕則不能載重，所以說：「重為輕根。」而清靜可以克服躁動，所以說「靜為躁君。」萬乘之主，一身繫國家安危，應當持「重」守「靜」，而不可以身行輕躁，否則就不足以任天下了。

虛靜的功夫，是追求人生之美的重要條件。一個人能夠做到虛靜的功夫，對於一切的事理，才會有透澈深刻的理解，才不會有邪曲不正的看法。在這煩雜的社會裡，每個人的腳步都很倉促，甚至亂了節拍，迷失方向，盲目的跟著潮流，浮浮沉沉，十分可悲。因此，每天再忙，都應該留一點時間給自己，跟自己心靈交談。人在靜下來的時候，才能真實的看清楚自己是誰？自己需要什麼、不需要什麼？自己擁有什麼、缺少什麼？一顆寧靜的心，如一方潔淨的湖水，潔淨的湖水，清楚的照映人的形體儀態，寧靜的心，使人正確的了解自己，既不會虛浮誇大，目中無人，也不會妄自菲薄，自暴自棄。美好的人生，要在虛靜中才能獲得。

7　守柔處下

《老子》第七十六章：「人之生也柔弱，其死也堅強。萬物草木之生也柔脆，其死也枯槁，故堅強者死之徒，柔弱者生之徒。是以兵強則不勝，木強則兵，強大處下，柔弱處上。」老子主張守柔處下，一方面是從人的生理結構來看，人活著的時候，身體是柔軟的，死後就變為僵硬了。另一方面，從自然界現象來看，花草樹木生長的時候，形質是柔脆的，死後就變為枯槁，可見「柔弱者生之徒」而「堅強者死之徒」，凡是柔弱的，都是屬於生存的一類，凡是堅強的，都是屬於死亡的一類。老子舉兵勢與樹木為例。兵勢強大，則恃強而驕，反而不能取勝；樹木強大，為工匠所需，反而遭受砍伐，所以老子得到一個結論：凡是強大的，反而居於下位；凡是柔弱的，往往屬於上位。

老子強調柔弱的哲學。《老子》第二十八章：「知其雄，守其雌，為天下谿。為天下谿，常德不離，復歸於嬰兒。知其白，守其黑，為天下式。為天下式，常德不離，復歸於無極。知其榮，守其辱，為天下谷。常德乃足，復歸於樸。」「知其雄，守其雌。……知其白，守其黑。……知其榮，守其辱。」雄尊而雌卑，雄剛而雌柔，雄動而雌靜。知雄守雌，知尊守卑，知剛守柔，知動守靜。「知白守黑」，知道光明的好處，而寧願處於暗昧。是非總因強出頭，老子告誡世人不要過分爭求，好爭的人，結果什麼都爭不到，即使爭到了，也會給自己帶來不安和痛苦；而不爭的人，內心一片祥和安樂，同時，因為他不與人相爭，所以沒有人與他爭。太剛強、太猛烈的東西，容易被摧毀，被消滅。用剛強和猛烈的手段，也不容易成功；相反的，用柔順、溫和的手段，反對的壓力最小，最容易成功。至於處下的好處，江河處下，萬物歸之；人君處下，萬民歸之。

8　不爭無尤

《老子》第八章：「上善若水，水善利萬物而不爭，處眾人之所惡，故幾於道。居善地。心善淵，與善仁，言善信，正善治，事善能，動善時。夫唯不爭，故無尤。」《老子》一書，有多處以水為喻，引證人生的大道理。

水的特性，大體可分三點，一是水能滋養萬物，為萬物生命存在的重要依據。天地萬物如果沒有水的滋養，生命就很難生存持續，但是「萬物作焉而不辭，生而不有，為而不恃，功成而不居。」（《老子》第二章）這種「功成而不居」

的精神，是水的特性之一。

其次，水性柔弱，決之東方則東流，決之西方則西流，盂圓則圓，盂方則方，這種不與萬物相爭的精神，是水的特性之二。

再者，眾人惡居水流卑污之地，水則不嫌棄，願意處卑、處下，處眾人之所惡，這種精神是水的特性之三。

水有「利萬物」、「不爭」、「處眾人之所惡」等三個特性，和道的特性很接近，所以老子說：「幾於道。」《老子》第三十二章：「譬道之在天下，猶川谷之於江海。」就是以水喻道。道在天下，無所不在，自然存在，水在天下，也是如此，整個世界有三分之二的面積是水。道在天下，無所不包，無所不容，江海接納百川，也是不捐細流。《老子》第七十八章：「天下莫柔弱於水，而攻堅強者莫之能勝。」水是天下至柔之物，而能馳騁天下之至堅，柔弱勝剛強，老子也是以水為喻。

老子常常以水為喻。告訴世人不爭卑下的道理。《老子》第六十六章：「江海所以能為百谷王，以其善下之，故能為百谷王。是以聖人欲上民，必以言下之，欲先民，必以身後之。是以聖人處上而民不重，處前而民不害，是以天下樂推而不厭。以其不爭，故天下莫能與之爭。」江海甘於自處低下的地位，所以才能接受百川的歸流，而為百川之王。人與人之間的爭執，不管是自己吃虧，或是別人受了委屈，總是不免會有怨尤，傷了和氣。因此，老子告誡我們，不爭才不會有怨，功成身退，不居功，不爭名，「以其不爭，故天下莫能與之爭。」（《老子》第六十六章）實在是非常珍貴的人生箴言。

五　結論

老子是春秋時代最有名的思想家，他的理想世界，是個和平自由的世界，沒有動亂，沒有紛爭，沒有虛偽，沒有詐騙，沒有盜賊，沒有寇讎，人人安和樂利，自由自在，享受獨立自主、純樸自然的生活。《老子》第八十章：

> 小國寡民，使有什伯之器而不用，使民重死而不遠徙。雖有舟輿，無所乘之；雖有甲兵，無所陳之。使民復結繩而用之。干其食，美其服，安其居，樂其俗，鄰國相望，雞犬之聲相聞，民至老死不相往來。

老子認為最理想的社會，是大道普行的時候，家家出孝子，人人講忠信，根本不必談仁義道德，人民的生活就已經做到仁義道德，等到大道廢棄，民風不純，再提倡仁義道德，就已經失去仁義道德了。

上古時代，人民誠實質樸，不識不知，根本沒有虛偽詐騙；到了中古時代，民情日鑿，民事日繁，於是治理天下的人就運用智慧，創設法令來治理人民，殊不知智慧一出，虛偽詐騙反而隨之而來。太平盛世，六親相和，國家清明，到了後來，六親不和，國家昏亂，才有所謂孝慈、忠臣。

老子「絕聖棄智」、「絕仁棄義」、「絕巧棄利」的目的，是為了「民利百倍」、「民復孝慈」、「盜賊無有」，希望施政者能夠使政治回復上古時代，大道普行的時候，不談仁義，民風自然純樸，不倡智慧，虛偽詭詐不生。施政者越多作為，越是干擾人民自由的生活，無為自化才是政治的最高理想。

老子的領導智慧，主要來自他對天道的理解。道是渾然天成，道是普遍存在，道是抽象難明，道是宇宙本源，道體虛無、道用無盡，道體作用，柔弱自然。道的特性很多，一是不偏不私，純任自然。二是無為而無不為。三是無欲不爭。四是守柔處下。水有「利萬物」、「不爭」、「處眾人之所惡」等三個特性，和道的特性很接近，老子常常以水為喻。

老子生長的年代，距今已有二千五百多年，但是他的領導智慧，仍然為現代人推崇敬重，儼然成為管理學界的一門顯學。

從老子談職場求生法則

一 前言

職場求生法則，是職場初階的卡位戰，先要在職場上佔有一席之地，才能進一步談升遷、發展。在人浮於事的今天，很多剛從學校畢業的年輕人，並不是很容易、很快速就找到一份理想的工作，論其原因，是很多人在投入職場之前，並未作好準備，尤其是心理的準備。找工作之前，先要找到自己，要知道自己有什麼，沒有什麼？要知道自己要什麼，不要什麼？要知道別人要什麼，不要什麼？

許多在求職第一戰就敗陣下來的人，往往不知道自己的興趣在哪裡？也不清楚自己的專長是什麼？到公司去應徵工作，卻不知道他在應徵的公司能扮演什麼角色？求職，不只是去找一份合適的工作，也是要去作一個合適的人；求職，不是看自己有什麼，而是看別人要什麼。 一個賣水果的人，如果客人要買蘋果，而他只賣香蕉和鳳梨，他怎麼能做到生意呢？

老子是中國最了不起的哲學家、思想家之一。儒、道是中華文化的兩大主流，老子是道家最重要的代表。老子的思想，除了政治思想之外，他的人生哲理，對於世世代代都有很深遠的啟發和影響，每個中國人的血液中，隱然都含有老子人生智慧的因子，都會從老子的思想中學到追求幸福、快樂的人生的要訣，在職場求生法則方面，老子的人生智慧，當然也有值得大家思考、啟迪的地方。

二　職場求生法則

（一）知己知彼

每個人立身處世，都要有一份安身之命的工作，可以謀生、可以養家，可以實踐理想。美國心理學家馬士洛提出人類的五大需求，一是生理的需求（Physiological Needs）——人類的基本需求，及維持生命的必需。二、安全需求（Safety Needs）——身體的安全、生命的保障、經濟的安全、工作的保障。三、愛的需求（Love Needs）——友誼、愛情、歸屬感。四、尊重的需求（Esteem Needs）——受尊重、被肯定。五、自我實現（Self-Assualization Needs）——運用潛能、自我發展、創造價值。求職的意義，可以說包括了上述的五大需求。

俗話說：「男怕選錯行，女怕嫁錯郎。」過去的中國社會，男主外，女主內，女人一生的幸福，都託付在她所嫁歸的郎君，而男人一生的成就，則決定於他所選擇的行業。很多人選擇職場，沒有自知之明，不了解自己的興趣和專長，一味想找輕鬆而待遇高的工作。待遇高的工作，相對的要求也高，對於剛踏入社會的人而言，一定難以勝任，於是三天兩天換跑道，既不能夠專精本行，更別說是出人頭地。

選擇職業，首先必須考慮自己的興趣和能力，以及發展潛力，不能怕吃苦，不要嫌地位卑微。年輕怕吃苦，年老就有苦吃;不怕吃苦的人，才能逐漸不必吃苦。英雄不怕出身低，萬丈高樓平地起， 任何人的成功，沒有不是一步一腳印，穩健成長，而非平步青雲，一夕爆紅。

選擇職業，一定要考慮自己的興趣，人對自己有興趣的事，才會專注投入，沒有興趣的工作，必然影響績效，也缺乏上進的企圖心，當然就難有成就了。至於能力，關係更為重大，自己的能力無法勝任的工作，只會增加心理的壓力，造成莫大的痛苦。工作符合興趣，才能熱情投入；工作符合專長，才能大放異彩。

今天的時代，一方面是人找事，一方面是事找人。在職場叢林中，有華麗但又殘酷的舞台，有些人如魚得水，樂在其中，有些人則踉蹌跌撞，狀況百出。如果不想在職場叢林中提早陣亡，就要認清真相，接受事實，除了了解自己的興趣和專長，更要了解企業和社會的需求。應徵職缺，很多人不了解自己能做什麼？不了解自己的專長可以對應那些職缺？對於各種職缺的工作內容，也缺乏概念，為了避免懷才不遇、大材小用的慨嘆，求職之前的勤務訓練是不可少的，平時當然就要關注社會發展的動態和職場的需求趨勢，另外，要努力搜集各種商品的宣傳DM，各公司企業的簡介和產品說明書，是現成的教科書。

不要自己設限，條條道路通羅馬，邊做邊學，騎驢找馬，要能放下身段，不怕難，吃得苦，才不會鎩羽而歸，一事無成。

（二）人生有夢最美

每個人從小就會被詢問長大以後要做什麼？在懵懵懂懂的幼小心靈中，大家都有自己的夢想，有的想成為一位了不起的政治家、科學家、教育家、藝術家、企業家、運動員、演藝人士……，可是長大之後，隨著心智的成熟，以及時空環境的變遷，很少能美夢成真，逐夢成功。雖然如此，有夢相隨，人生最美。

夢想，是人生進步的動力。人因夢想而偉大，一個人失去了夢想，就像船行海上而失去導航的系統，建築大廈卻沒有設計藍圖。夢想，是人生努力的遠景，在職場上，每個人都要有美麗的願景，才願意刻苦耐勞、努力付出，才能夠忍受辛苦、委曲、責難、挫敗。每一個剛剛踏進職場的人，都要給自己的未來許下一個一個的心願，是自我的期許，也是理想和抱負。

（三）心動不如行動

理想不是幻想，幻想是空幻的想法，是虛無飄渺、不切實際的想法，理想是經過縝密的思考，仔細的規劃，有目標、有步驟，一旦付諸行動，循序漸進，假以時日，一定可以水到渠成，美夢成真。

每個人都希望能過好日子，但是成功不會是天上掉下來的禮物。很多人只會羨慕、嫉妒別人的成功，而徒呼負負、自怨自嘆，抱怨自己的命不好、運欠佳、長相難看、人緣很壞。其實老天是很公平的，老天不會把所有的優點給一個人，而把所有的缺點給另一個人，「金無十足，人無十全。」每一個人都有一些長處，也都有一些短處。

臨淵羨魚不如退而結網，我們與其去羨慕別人的成功，不如自己加倍的努力。皇天不負苦心人，只要肯努力的人，一定不會白費功夫。西諺：「機會不敲第二次門。」人生的機會，錯過了往往就不會再來，我們不能心存僥倖，以為錯過了這一次的機會，還有下一次。再者，等待機會的人，也永遠沒有機會，有機會時，要把握機會；沒機會時，要努力創造機會。在職場上，我們不能期求有貴人相助，自己要當自己的貴人，自助才能天助。

歲月是不饒人的，一天天，一月月，說沒了，就沒了，我們常常會有念頭想做一些事，卻沒有付諸行動，一蹉跎，幾年的光陰就過去了。 華屋、轎車、學位、社會地位……都是許多人夢寐以求的理想。心動是行動的基礎，但是不能止於心動而已，而要付出行動，要想求得一份好工作，一定要不怕辛苦，多方嘗試，更要不怕失敗，堅持到底。

（四）求人不如求己

人要自求多福，在職場上，更是求人不如求己，靠山山倒，靠人人老。自己的本事才是真正可靠的。

「台上三分鐘，台下十年功。」所有成功的企業家，都不是一步登天，一蹴即成，而是穩健踏實，從基層訓練開始，埋頭苦幹，終於鴻圖大展。

我們今天的社會，人才濟濟，競爭非常激烈，以前是伯樂找千里馬，現代的千里馬，則要主動去找伯樂。當年劉備三顧茅廬的美談，已不可多見，我們當然不必為了一官半職，拍馬逢迎，甚至不擇手段，以達目的，但是我們在求職的時候，如何才能充分展現自己的信心和能力？整潔的服飾、優雅的風度、得體的談吐，是必修的課程。我們要有十分的能力，才能求得八分的成功，不能只有六分的準備，而有九分的成績。

人生理想的追求，遇到困難與挫折，是很正常的。合理的要求是訓練，不合理的要求是磨練。在職場上，長官、同事、顧客的種種要求，有的是合理的，有的是不合理的，我們都要學習忍耐承擔，少一分的抱怨，才能多一分的敬重。遇到困難與挫折的時候，要懂得檢討、反省，怨天尤人，並不能解決問題，虛心冷靜檢討問題產生的原因，並努力思考解決問題的辦法，才是正確的職場求生法則。

（五）口吐蓮花，樂在溝通

俗話說：「做事難，做人更難。」做人的難處，就在能如何和別人有良好的溝通。每一個人都有一些和別人不一樣的地方——不同的長相、不同的個性、不同的興趣、不同的價值判斷。怎麼樣和別人維持和諧愉快的人際關係，全看溝通的好或不好。

不怕有溝，只怕沒橋。圓滿的人際溝通，從講究說話的藝術開始。大家都會說話，但要把話說好很難。說話是一種習慣，有人習慣說溫柔的話，說客氣的話，說鼓勵的話，說關心的話，令人覺得很溫馨，很親切、很愉快、很感動，令人樂於接近，令人十分敬重。但是也有人喜歡挑毛病，喜歡抱怨，喜歡搬是非，見不得別人的好處，語多尖酸刻薄，出口傷人，盡是說風涼的話、批評的話、諷刺的話、非理性的話，人見人怕，人人討厭。

溝通是為了增進了解，建立共識，解決問題，要想成為一個成功的溝通者，口說好話，口吐蓮花，是很重要的。溝通是藉由語言的交流，表達彼此的意見，所以一定要自己把話說清楚，也一定要把別人的話聽清楚，才不會產生誤會。溝通是為了促進彼此的了解，化解疑慮，甚至是仇怨，因此，一定要表現出誠意和善意，以愛心化解仇怨，以熱誠化解疑慮，互信互諒，包容接納。

成功的溝通，是以和平的對話代替激烈的抗辯。雖然真理愈辯愈明，可是要理直而氣婉，而不是理直氣壯，甚至是理直氣盛。盛怒的人很難說出平允公正的話。一個善於溝通的人，永遠面帶微笑而語多讚美，以同情代替對立，以鼓勵代替批評，以讚美代替指責，能夠主動關心對方，尋求共同的話題，懂得運用幽默感，用風趣的話化解緊張嚴肅的氣氛。良好的溝通技巧，是職場求生法則的重要條件之一。

（六）一勤天下無難事

人在天地間，永遠都是學生。學習是一輩子的事，活到老，學到老，人生有學不完的事，只有見識鄙陋的人，才會自以為了不起，否則，學問愈大，愈覺得不足。稻穗愈飽滿愈低垂，愈有學問、愈有能力的人，愈懂得謙虛卑下的道理。

學海無涯，學無止境。一個人的成功，不會是因為有高的學歷，而是因為有好的經歷。不是每個人都有機會上大學、唸研究所、出國深造，但是只要有一顆上進的心，不斷精益求精，勤奮不懈，在職場上就有機會成為一顆亮麗的明星。

俗話說：「一勤天下無難事。」的確，成功與勤勞，常畫等號。這個世界的文明，是靠勤勞的人創造出來的，我們今天所享有的衣、食、住、行、育、樂，並不是天生既有的，而是前人努力付出他們的腦力和體力，團結合作，一步一腳印締造出來的。人生的價值，不在於得到多少，而在於付出多少，終其一生，我們能吃多少？喝多少？用多少？勤勞的人，所以孜孜不倦的努力工作，不全是為了果腹解渴而已，而是要豐富生命的內涵，昇華生命的價值。

成功，只有一個條件，就是勤勞；失敗，卻有一千一百個理由，懶惰是最嚴重的藉口。當一個人對什麼事都提不起勁的時候，是開始老化、衰敗的象徵。在職場上，勤勞是一項很重要的求生法則。

三　如何提升職場求生能力

（一）培養自信的能力

提升職場的求生能力，首先要培養自信的能力。自信是一切事業成功的基礎，很多人的失類都是給自己打敗的，因為自己對成功沒有信心，所以就失敗了。在職場上應徵工作，如果對自己所應徵的工作，沒有能夠勝任的信心，企業主如何放心把職位交給你呢？在眾多競爭的對象中，自己要告訴自己，如果是百中取一，自己就是那個唯一。

在職場上應徵工作，不是只憑運氣，得之我幸，不得我命，而是靠自己的實力、能力。因此，信心是實力為後盾，沒有實力的信心，只是一種幻想、假象，是不堪考驗的。一個有自信的人，不會做沒有準備的事，應徵工作之前，一定會對所應徵工作的公司、企業，有深入的了解，公司的創立、沿革、發展、業務內容、產品項目，都要先作一番研究，否則，即便僥倖被錄用，也會因為興趣不合、能力不足，而工作得非常辛苦、痛苦。

（二）培養專業的能力

職場如戰場，優勝劣敗，是殘酷的事實，成功是靠能力，不是靠運氣，專家才是真正的贏家，只靠逢迎巴結，奉承討好別人，絕不是職場求生的法則。

俗話說：「萬貫家財，不如一技在身。」錢是花得完的，一身的技藝，才是源源不絕的財富。要想在職場生存、成功，一定要訓練自己具有專業的能力，甚至跨領域的能力，才能因應當前職場跨界發展的需求。

科技的發展，愈來愈精密，職場對人才的需求，愈來愈專業化，唯有能成為頂尖的專業人才，才愈符合職場的生存成功之道。專家是企業的領航員，有能力的專家，才能掌握當前的趨勢，才能預見未來的潮流，才能為公司、企業的永續經營，描繪出美麗的願景。有高能力的人，才能擁有高收入，專家得到優渥的待遇，是理所當然的。

（三）培養應變的能力

時代快速在變化，沒有一個時代比現在變化的這麼快、這麼多、這麼大。都市更新，變化很大，很多人拿舊地圖去找新地址，結果迷路了。我們不能用舊思維去適合新環境。在職場上，除了要不斷追求新資訊、新能力，以趕上時代的時代，更要培養應變的能力，一個應變能力愈強的人，才愈能在職場上得到生存。有應變能力的人，才有處理危機的能力。「天有不測風雲，人有旦夕禍福。」很多意外的發生，往往不是人力所能預料、控制。面對危機發生的時候，如何能夠靈巧、機動、應變，必須平時就養成彈性、活潑、多元的思維習慣、做事習慣，不要死腦筋，一意孤行，不知變通。「山不轉，路轉；路不轉，人轉。」總有路可以走。面對意外的發生，不能只是沮喪、懊惱、悔恨、痛苦而已，而要能儘快作危機處理，把傷害減低到最小。

（四）培養創新的能力

資源有限，創意無限。公司企業的永續發展，是要靠全體員工共同的努力，除了固定產品的製造、固定業務的推動，創新、研發的工作，也十分重要。「物競天擇，適者生存。」在求新、求變的時代，如果還只是墨守成規，一定會被淘汰的。因此，培養創新的能力，是職場求生的重要法則之一。

全世界百分之二十的白領階級，賺到全世界百分之八十的財富；而百分之八十的藍領階級，只賺到全世界百分之二十的財富。因為白領階級是用腦力賺錢，而藍領階級只用體力賺錢，用體力賺錢，是很辛苦在賺錢，而且只能賺很少的錢。有好腦袋，才有好口袋；換腦袋，才能換口袋。

任何事業的成功，不會是無中生有，也不會只是模仿抄襲，一定要有創意、創新，要能推陳出新。我們如果只是抄襲、模仿別人，是沒有機會青出於藍而勝於藍。創意使有限的資源，變成無限可能的機會，想要過好生活，就要有好腦袋，有新點子，才有新機運。

（五）培養自律的能力

在這個競爭非常激烈的年代，人浮於事，一職難求，條件優渥的職位，更是大家搶破頭，如何在眾多競爭對手中順利勝出，能否培養自律的能力，也是重要的關鍵。

我們在職場上希望謀得一席地位，是人求事，不是事求人，在應徵職位的時候，不管是遞送履歷表、自傳，或是面試，都要兢兢業業，全力以赴，把自己最好的能力表現出來，而不是十分任性隨便應付。做事的態度，有人是有做就好，有人是要做就要做好，只有後者才有更多成功的機會，才能在職場中脫穎而出。

自律，是指一個人對自我的要求，一個愈能要求自己的人，是愈能成功的人。一分耕耘，一分收穫。古人說：「人一能之，己十之；人十能之，己百之。」勤能補拙，一個肯付出，肯比別人付出愈多的人，才能獲得更多的成就。

（六）培養協調的能力

職場的生存法則，除了應該具備職場所需的知識技能之外，更為重要的是人格特質。一個人的成功，不是因為 IQ 高，而是因為 EQ 高。所謂 EQ，是指一個人情緒管理的能力，而情緒管理的重點，除了自我的情緒管理，也包括與人和諧相處的能力，換言之，就是人際溝通。

不管是情緒管理，或是人際溝通，最為重要的就是人貴真誠，真誠的面對自己，真誠的對待別人。生命是一種修持。社會是個大染缸，唯有真誠的心，才能免除被汙染。烏雲遮住太陽，就見不到太陽的光彩；灰塵蒙住門窗，就見不到窗外的美景，心靈如果被情牽、物累，就會行事有所偏頗，虛偽、造假、敷衍、欺騙。

真誠是人的本性，待人處世，以真誠為貴，真誠的人，才能受敬重、受歡迎，真誠的人，才是職場上的常勝軍。真誠的人才能在職場中建立良好的人際關係，而且能夠和同事協調、合作，共創團隊佳績。培養協調能力，是職場求生的重要法則。

四　老子思想與職場求生法則

（一）配天之極

老子的思想，以自然天道為核心、為基礎。《老子》第二十五章：

> 有物混成，先天地生。寂兮寥兮，獨立而不改，周行而不殆，可以為天下母。吾不知其名，字之曰道。

第四十二章：

> 道生一，一生二，二生三，三生萬物，萬物負陰而抱陽，沖氣以為和。

第一章：

> 道可道，非常道，名可名，非常名。無名天地之始；有名萬物之母。故常無，欲以觀其妙；常有，欲以觀其徼。此兩者，同出而異名，同謂之玄。玄之又玄，眾妙之門。

老子把道解釋為宇宙生命的本源，以及自然的秩序，道在天地未生以前就已經存在，道創生天地萬物。道的存在，是渾然天成，沒有具體可象，沒有顏色，沒有聲音，沒有形體，可是它是確定存在的，它是抽象的存在。因為如果說沒有道的存在，那麼，宇宙的本體，天地萬物生命的來源，我們就無從找到依據。

天地的源始是「無」，萬物的源始是「有」。「無」為道的體，「有」是道的用。道的本體虛無，道的作用無窮無盡。道因為只是抽象的存在，所以稱為「無」，但是道能創生萬物，所以又稱為「有」，道兼有「無」和「有」兩個層面。道的本體虛無，但是道的作用無窮無盡，所以，道才能化生天地萬物。

道是若有若無，亦實亦虛，在恍惚不定，幽微難辨的狀態中，「其中有物」、「其中有精」、「其中有象」。在天地未分的混沌狀態，有了天地的之氣，就化分為陰、陽二氣，陰、陽二氣盈虛聚散、循環反復，才化生天地萬物。

道不是一個實體，所以不可以解說，如果可以解說，就不是老子所指虛無縹緲、恍惚不定，而又永不止息、恆久不變的道了。道是普遍的存在，道也是永恆的存在，道是超越時空，不為任何事物所侷限。可以解說的道，只是有限的、部分的，而不是無限的、周全的。老子所謂的「常道」，是超越時空，不受侷限，普遍而周全的存在，因此，「道可道，非常道。」

一物有一物的名，一人有一人的名，一人、一物凡有所名，即不能再假為他人、他物之名，杯子名為杯子，即不能再以杯子之名，稱呼椅子或桌子，因此，「名可名，非常名。」

道的特性很多，第一，無為而無不為。道創生天地萬物，不造不設，好像是無所作為，但是天地萬物都是由道而生，恃道而長，所以實際上是無所不為。道的作為，是自然的作為，而不是刻意的作為。

第二，不偏不私，純任自然。《老子》第五章：「天地不仁，以萬物為芻狗。」天地生長萬物，無親無求，一視同仁。祭祀所用的芻狗，用完就丟棄燒毀，毫不吝惜，天地對待萬物也是如此。人情、人情，人一有了情，就有好惡、有偏私，就不能得性情之正。「愛之欲其生，惡之欲其死，既欲其生，又欲其死，惑也。」在職場上，一定要把自己的感情，減到最低的影響，「內舉不避親，外舉不避仇。」用人唯才，「不以言廢人，不以言舉人。」不偏不私，才能內心坦蕩，不會遭惹是非、怨尤。

職場的求生法則，不貪無求，不攀附權貴，不講求人情，盡心盡力，盡其在我，人事已盡則聽天命。

第三，無欲、不爭。《老子》第二章：

> 萬物作焉而不辭，生而不有，為而不恃，功成而不居。

第三十四章：

> 大道氾兮，其可左右。萬物恃之而生而不辭，功成而不有，衣養萬物而不為王。

大道流行氾濫，可左可右，無遠弗屆，無所不至。萬物都靠著它而生長，它卻不加以干涉；它成就了萬物，卻不居其功；它養育萬物，卻不主宰萬物。《老子》第七章：「天長地久。天地所以能長且久者，以其不自生，故能長生。」天地所以能永恆而無窮，是因為它們不為自己而生，所以能長久而生。又第九章:「功成身退，天之道。」功成身退，不居功，不爭名，這就是天道。

第四，守柔、處下。道的化生萬物，是很柔弱緩慢的，卻循環反覆，生生不已。《老子》第四十章：「反者道之動；弱者，道之用。」道的作用，非常柔弱；道的作用，雖然柔弱，卻是持續不斷的，第七十六章：「柔弱者，生之徒。」就是這個道理。

另外，老子主張處下，《老子》第三十二章：

> 譬道之在天下，猶百川之與江海。

第六十六章：

> 江海所以為百谷王，以其善下之，故能為百谷王。

道對天下人來說，就好像江海對於川谷一樣。江海是百川的歸宿，道也是人的歸宿。

（二）物極必反

宇宙的生命所以能夠生生不息，不斷生成變化，因為道的運作，是循環反復，周而復始。《老子》第四十章：「反者，道之動；弱者，道之用。」天下沒有一件事物，可以持久不變。《老子》第三十章及第五十五章都強調：「物壯則老，是謂不道，不道早已。」天地萬物，一到強大盛壯的時候，就開始趨於衰敗。逞強、逞能，是不合於道的。不合於道的，來的急，去的也快。《老子》第二十三章：「飄風不終朝，驟雨不終日。孰為此者？天地。天地尚不能久，而況於人乎？」飄風、驟雨，是天地所為，尚且不能持久，何況是人為的事呢？

《老子》第五十五章：「物壯則老。」「物壯則老」，這是一句令人深省的警語，美人遲暮，令人傷感追思，卻也是無可奈何的事。物忌太滿、太盛，滿則溢，盛則衰。《老子》第七十七章：「天之道，其猶張弓與！高者抑之，下者舉之；有餘者損之，不足者補之。」天道的作用，就像把弦繫在弓上，張弓射箭，弦太高了，就把它壓低；弦太低了，就把它升高；弦太長了，就把它剪短；弦太短了，就把它加長。

物滿則溢，物盛則衰，物極必反。人生有得有失，有勝有敗，勝不驕，敗不餒，是職場求生的重要法則。「眼看他起高樓，眼看他宴賓客，眼看他樓塌了。」世事難料，禍福無常。佛家說：「生、成、住、滅，為一劫。」人生果真要歷經萬劫嗎？

（三）企者不立

《老子》第六十四章：

> 合抱之木，生於毫末；九層之臺，起於累士；千里之行，始於足下。

合抱的大木，是從嫩芽長起來的；九層的高臺，是由一畚箕、一畚箕的泥土堆起來的；千里的遠行，是由一步、一步走出來的。急事難成，急務無功。

第二十四章：

> 企者不立，跨者不行。自見者不明，自是者不彰，自伐者無功，自誇者不長。

踮起腳尖想要高過別人，反而站不穩；強大步伐想要快過別人，反而走不動，因為這些都是不自然的行為，該怎麼樣，就怎麼樣，不該怎麼樣，就不要怎麼樣，老子主張順應自然，不要刻意作為。同時，老子認為喜歡自以為是的人，反而不能昭著；喜歡張揚自己功勞的人，反而沒有功勞；喜歡誇耀自己長處的人，反而沒有長處。是非只因強出頭，自以為是的人，故意表現自己的人，不會有好結果的。第二十九章：

> 將欲取天下而為之，吾見其不得已。天下神器，不可為也，不可執也。為者敗之，執者失之。

治理天下，想要用強求的方式得到，是辦不到的，即使勉強得到，也會很快失掉。想要有作為的人，必定敗亂天下；固執己見的人，必定失掉天下。「取天下常以無事，及其有事，不足以取天下。」不只治理天下，要以自然無為為原則，職場上的求生法則，也是要順應自然，凡事不要強求，不要刻意表現。

（四）自勝者強

《老子》第三十三章：

知人者智，自知者明。勝人者有力，自勝者強。

能夠了解別人的長短善惡，可稱為有智慧的人；能夠認識自己的長短善惡，可稱為很清明的人。能夠戰勝別人，可以說是有力；能夠戰勝自己，可以說是堅強。兵家之道，貴能知己知彼，職場如戰場，要在職場上攻城掠地，立於不敗之地，首先一定要能戰勝自己。

一個人最大的敵人是自己。古人說：「抗山賊易，抗心賊難。」打敗山中的賊兵，只要靠強大的武力即可，而要打敗心中的敵人，則要有無比的信心和毅力。人生最難的是抗拒誘惑，今天的社會，花花綠綠，充滿各種誘惑，不是意志堅定的人，很難不動心。而且人心本來就是好逸惡勞，想要在職場上爭得一席之地，而且不會從職場上敗陣下來，一定要能克制自己的私欲、懶惰，兢兢業業，勤勉不懈。

（五）知足者富

一般人總是坐一山，望他山，不珍惜自己已有的，而去奢求自己沒有的。終其一生，熙熙攘攘，汲汲營營，就是忙於求名逐利。《老子》第四十六章：

> 禍莫大於不知足，咎莫大於欲得。故知足之足，常足矣。

不知足是痛苦的根源，不知足也是災禍的根源。知足的意義，不全是指物質方面，一個人對自己的健康、家庭、美貌、智慧……的肯定，也很重要。天生厚德，一枝草、一點露，一個人貴能肯定自己，知足常足。

《老子》第三十三章：「知足者富。」富是有餘的意思，一個不知足的人，再多的財富，都嫌不夠。有錢不是福，知足才是福，有錢的人而不知足，不如一個知足的窮人。

知道滿足的人，才能變得幸福和快樂。一個人快樂不快樂，幸福不幸福，物質的享受當然很重要，但並不是唯一的重要，最為重要的是來自內心的自得自足。一顆不貪求的心，是知足的起點；一顆知足的心，是快樂的起點。職場的求生法則，擁有一顆知足的心，才會是一顆快樂的心。

（六）不爭無尤

人生的種種災禍，往往來自一個爭字，爭是非、爭得失、爭利害。朋友失和，夫妻反目，以及許許多多的人事糾紛，和大大小小的交通事故，大多起因於不能謙下退讓。

《老子》第八章：

> 上善若水，水善利萬物而不爭，處眾人之所惡，故幾於道。居善地，心善淵，與善仁，言善信，政善治，事善能，動善時。夫唯不爭，故無尤。

水能滋養萬物，不和萬物相爭，蓄居在大家所厭惡的卑下之地。水的特色，和大道很接近。上善的人，也是處身退讓謙下，宅心寂默，博施而不望回報，談話真誠，施政有好成績，行動則能掌握好的時機，因為不和別人相爭，所以沒有怨尤。

人與人之間，常常會有利害衝突，沒有人願意自己吃虧，於是爾虞我詐，各懷心機，互不相讓，爭奪不已。其實，宇宙萬事萬物都是相對的，而不是絕對的。所謂的美醜、富貧、貴賤、是非、善惡、得失、禍福，就像長短、高下、難易、多少一樣，只是相對的比較，恆無定數，我們實在不必強分彼此，徒增自己的煩惱與痛苦。人生是計較不完，吃虧未必不是好事，不經一事，不長一智，多付出，多回報。

（七）守柔處下

太剛強、太猛烈的東西，是容易被摧毀、被消滅，用剛強和猛烈的手段，也不容易成功。相反的，用柔順、溫和的方式，反對的壓力最少，也最容易成功。

《老子》第七十六章：

> 人之生也柔弱，其死也堅強，萬草木之生也柔脆，其死也枯槁。故堅強者死之徒，柔弱者生之徒。是以兵強則不勝，木強則兵。強大處下，柔弱處上。

人活著的時候，身體是柔軟的，死後就變為僵硬。花草樹木生長的時候，形質是柔脆的，死後卻變為枯槁。凡是柔弱的，都是屬於生存的一類；凡是堅強的，都是屬於死亡的一類。兵勢強大、恃強而驕，反而不能取勝；樹木強大，為工匠所需，容易遭受砍伐。剛強易摧，為老子所戒。

老子主張守柔處下。物忌太盛太滿，我們常常有一點點的長處，一點點的成功，就沾沾自喜，自以為了不起。其實，做好人、做好事，只是人的本分而已。謙虛柔弱，並不是弱者；驕傲剛強，並不是真正的強者。我們常常因為心太剛強，跌得鼻青臉腫，心柔軟了，人就可愛了。老子主張以柔克剛，因為柔軟不是軟弱，剛強未必堅強。

（八）功成不居

自然界所以能夠維持和諧、平衡的秩序，是因為天地對於萬物，採取自由放任、無為而為的態度，而且功成不居，否則，天下必將大亂，秩序必然失調。

《老子》第二章：

> 聖人處無為之事，行不言之教。萬物作焉而不辭，生而不有，為而不恃，功成而不居。夫唯弗居，是以不去。

聖人體道而行，凡事順應自然，以無為的態度處事，施行不言的教化。

第十七章：

> 太上，不知有之；其次，親而譽之；其次，畏之；其次，侮之。信不足焉，有不信焉。悠兮其貴言。功成事遂，百姓皆謂：我自然。

天道的偉大，在於創生萬物，衣養萬物，而且功成不居、功成身退，聖人治理天下，也是如此，「處無為之事，行不言之教。」天下大治，而老百姓認為本來就該如此，因為「不自以為大，故能成其大。」「不爭，故天下莫與之爭。」

五　結語

職場的求生法則，不只在求得職場的一席之地，也是要求不要在職場上敗陣下來。創業維艱，守成不易，要在職場上求得一份理想的工作，自己有興趣，又有能力勝任，是不容易的，而要求得一份安身之命、持久穩定的工作，也不簡單。一個人在職場上的成功，不是一蹴可幾的，在安定中才能求得穩健的發展，否則經常在換工作，找職業是很辛苦的事。

老子是中國古代非常有名的思想家，他的成就，不只是對於宇宙的本體、生命的本源，有精湛的見解；他對人生的煩惱、困惑，也有想當的體認。我們一般人認為老子是個消極、退隱的人，其實他也是滿腔熱血，對他所生存的時代、所生長的環境，非常的關切。老子的著書不僅對施政者有所建言，對云云眾生的人生理想的追求，他更是殷殷叮嚀，多所勉勵。老子的人生哲學，不只對古人有裨益，對我們現代人而言，終日處在緊張忙亂的生活中，栖栖遑遑，心無定所，更是有安定啟發的作用。

老子的思想運用到職場的求生法則，首先就是要效法天道自然，無為而無不為，凡事順其自然，不要強求，沒有患得患失的心理，才更能海闊天空，開展自己的生命理想。同時要學習天道不偏無私的精神，不貪無求，不攀附權貴，不講求人情，凡事盡其在我。第二、企者不立。應該怎麼樣就怎麼樣，不該怎麼樣就不要怎麼樣，不要刻意作為。第三、物極必反。物滿則溢，物盛則衰。勝不驕，敗不餒。第四、自勝者強，克制自己的私欲、懶惰，兢兢業業，勤勉不懈。第五、知足者富，知道滿足的人，才能真正得到幸福和快樂。

第六、不爭無尤。不逞強、不逞能。第七、守柔處下，因為「強大處下，柔弱處上」。第八、功成不居。天道的偉大，在於創生萬物，衣養萬物，而能功成不居，功成身退。

一般而言，談職場求生法則，先要確認自己想要什麼。其次，要能掌握就業市場趨勢。第三要真誠了解自己的專業能力。第四、要懂得行銷自我。第五、淡化競爭的劣勢。第六、展現被信賴的能力。第七、得體合宜的裝扮和儀態。第八、守分際、不踰矩。第九、把握每一次機會。第十、參考前輩建言和經驗。以上十點，可見培養職場求生能力，需要多方面的努力。歸納而言，熱情、願景、專業能力，是最為不可或缺的條件，而認識自己，永遠是求職的第一堂課。不管是職場的卡位戰或是保衛戰，機會永遠留給準備好的人。

從老子談職場競爭法則

一　前言

二十一世紀是個典型十倍速的世代，沒有一個時代比現在變得這麼快、這麼多、這麼大，急遽快速的競爭，是這個時代的最大特色。物競天擇，適者生存，我們不能遮著眼睛，以為看不見；我們不能摀著耳朵，以為聽不見；我們不能有鴕鳥心態，只是關起門來當宅男、宅女，不與世界接軌。如何提升個人職場的競爭力，成為現代人共同必修的重要課程。

一般人談論老、莊道家思想，以為老子主張「無為」，是「一無作為」，是什麼事都不要做。其實，老子所主張的「無為」，是「無刻意作為」，是「自然而為」，是該有作為就要有作為，該無作為則不要作為。一般人只注意到老子思想的消極層面，而忽略了老子思想的積極層面。老子思想的積極意義，是肯定人性的自足性，所以，在位者不必有太多作為，「天下將自定」（第三十七章），而對個人來說，「不出戶，知天下；不窺牖，見天道。其出彌遠，其知彌少，是以聖人不行而知，不見而明，無為而成。」（第四十七章）

天地萬物的道理，都已存在我們的心中，我們只要反觀內視，自能暸然於胸。

把古人的智慧，化成我們生命的養料，一直是我個人研究、教學古代典籍的目標。面對競爭非常激烈的現代社會，我們如何提升個人的職場競爭力，在《老子》一書，實有許多值得借鏡和取法的地方，哲人雖已遠，典型在宿昔，學習老子的思想，一定受益無盡，在職場上、在生活上，都能璀璨亮麗。

二　職能檢視

不管是職場的新秀或老手，不管是求職、待職，或是轉職、保職，任何一位社會新鮮人和職場老鳥，都應該要有知己知彼的能力，一方面知道自己幾斤幾兩；一方面要知道企業體的需求是什麼？在這僧多米少、人浮於事的社會，只有高能力的人，才能享受高報酬，只有具備跨界能力、以及不可取代能力的人，才能深受企業老闆的喜愛和器重。

所謂的職能，是指一種能讓人在職場上，表現高效能及卓越能力的重要特性。職能的產生，來自企業體經過甄選、培訓與獎勵的適任人才，企業體所需要的，不見得是最優秀的人才，而是最適任的人才。一個才能非常傑出的人，如果不是企業體所需要的人才。往往不是企業體所會考慮任用的。「人盡其才」、「唯才是用」，一直都是企業體選才、用人的主要依據。所以對於求職、轉職的人而言，能否爭取到自己想要得到的好職位，不是看自己有什麼？而是看對方要什麼？

用兵之道，知己知彼，百戰百勝，求職的人也是如此。企業體決定任用的人，都是要經過篩選履歷表、筆試與口試三個階段，才能從眾多應徵的對象中，挑選出最適任的人選。一般而言，企業體選用人才的標準，在職能方面，約略分為三項：

（一）知識技能

所謂的知識技能，除了一般的能力外，特別是要針對應徵工作本身的內容而定，要求應徵者必須具備的工作職能。處在科技化的現在社會，語文表達技巧、電腦專業，都是不可缺少的能力。另外，學歷、證照、參加的訓練課程，可以有效證明自己的能力強度。

（二）工作經驗

企業主選用人才，當然會優先考慮有實務工作經驗的人，可以減少培訓的時間和成本。所謂的工作經驗，包括直接經驗和間接經驗，學生在學校參加的社團活動，可以填寫在履歷自傳之中，口試時，當然有加分的作用。另外與應徵工作相關的訓練課程，也可以填補實務工作經驗的不足。

（三）人格特質

處於二十一世紀的今天，全球化的職場趨勢，決定職場上的最重要競爭力，不是學識和專業，而是人際關係的能力。任何職場的人，工作是否成功、愉快，最重要的是看他的人格特質。態度決定高度，一個人的工作態度，決定他在職場上能否成功？能否勝任？一個主動、積極、樂觀、負責的人，一定比被動、消極、悲觀、不負責的人，更容易成功，更能勝任職責。一個具有愛心、耐心、信心，樂於與人為善，肯付出、肯犧牲，親切友善，分工合作的人，屬於正向人格特質，是職場上常勝不敗的重要關鍵。

總之，職能＝K（Knowledge 知識）+S（Skill 技能）+A（Attitude 態度）。

三　培養職場競爭力

（一）具備 4Q 的能力

所謂的 4Q 是指 IQ（智力商數 Intelligence Quotient）、EQ（情緒商數 Emotional Quotient）、AQ（逆境商數 Adversity Quotient）、BQ（美麗商數 Beauty Quotient），一個人的成功，不是因為 IQ 高，而是因為 EQ 高。其次，AQ 低的人，遇到困境時，會感到沮喪、憂鬱、煩躁，處處抱怨，逃避挑戰，缺發創意、鬥志，並且會對自己沒有信心，老是認為自己很倒楣，運氣不好，環境欠佳，別人對不起他，越想越苦悶，就掉入惡劣情緒的死胡同，嚴重影響工作效率。相反的，AQ 高的人，具有積極樂觀的人生態度，凡是能從多方面的角度去思維、判斷，不會一意孤行，也不會力不從心，勇敢面對困難，挑戰，發揮創意，尋求解決的方案。AQ 高的人，不但不會被壓力壓扁，反而能夠把壓力變成推力、動力、砥礪自己，愈挫愈勇，以至浴火重生，表現傑出。

現代的人非常重視形象，好的形象，給人好的印象，好的形象給自己增加信心。BQ 是指一個人穿著、儀態上的講求。穿著得時，氣質高雅，不僅帶給別人良好的感覺，自己也會很開心而增加工作效率。當然，BQ 不只是要求外在的美，更為重要的是內在的美，一顆快樂的心、安定的心、富足的心、勝過華麗的服飾裝扮。

（二）具備自信的能力

自信就是自我定位，自信是成功基礎。很多人沒有成功，不是沒有機會，也不是沒有能力，而是沒有自信。任何事情的成敗，最大的關鍵，在於自信。「吾心信其可成，移山填海之難，亦成矣！吾心信其不可成，反掌折枝之易，難成矣！」心的作用是很大的，你認為會成功的事，往往就成功；你認為會失敗的事，往往就失敗。我們應該常常告訴自己：「Yes! I can do it」

自信為成功奠定基礎，自信為成功邁出第一步。一個人信不過自己，別人如何會相信他？一個有自信的人，不會做沒有準備的事；一個有自信的人，不會盲目附和別人，人云亦云，而會有自己的主張，自己的判斷。一個有自信的人，不會急功近利，急於求成，凡事都會循序漸進，有條不紊，水到渠成。當然，自信不是一種假象，自信是要以實力為後盾。

（三）具備專業能力

我們從學校學到規矩，從社會學到經驗。學校教育是一個人立身處世綜合能力的培養所，社會是職場工作與人際關係的考驗場。雖然有人主張學歷無用，但是毫無疑問的，今天的時代，仍然是有高學歷就有高所得。不過，今天的社會，學校階段，在專業能力的培養上，角色愈來愈輕，職場階段的學習，則愈來愈重要。

專家才是贏家。具有專業能力的人，才能贏得別人的敬重和信任；具有專業能力的人，才能求得一份理想的工作；具有專業能力的人，才能在職場的保衛戰中，立於不敗之地。專業包括各項在職場上所需具備的條件和能力，專業也是指正確的工作態度。專業，是指學無止盡，精益求精的精神；專業，是指對細微事物的專注與投入；專業，是指對工作的尊敬與自豪。職業不分貴賤，人格尤其不以職位的貴賤分高低。專業，是指敬業的精神和堅持不妥協的毅力。

（四）具備跨領域的能力

當今職場的大趨勢，是跨界人才的大流行。企業跨產業，是時勢所趨。過去建設公司蓋房子，是靠苦力，毛利低，現在的建設公司紛紛增加高科技和文化創意，就可以為房子加值，提高房價。其他如麥當勞兼營咖啡服務，宅急便公司除了宅配貨物，更進一步在推銷商品……企業的多角經營策略，強化對跨領域人才的需求。時代的趨勢，使企業界期待全方位的跨領域人才。

能力愈強的人，工作機會愈多。我們去應徵工作的時候，不能這個不會、那個也不會，老闆怎麼會任用一個什麼都不會，或是沒有很多能力的人呢？培養職場的競爭力，就是要能具備跨領域的能力。一隻貓在抓老鼠，老鼠很快便跑進洞裡。等了很久，老鼠在洞裡沒有聽到貓叫的聲音，卻聽到狗叫的聲音，牠心想貓會抓老鼠，狗不抓老鼠。既然只聽到狗叫的聲音，大概貓已經離開，於是很放心的從洞裡跑出來。沒有想到被守候在洞口外面的貓一下子就逮住了，老鼠很無辜的說：我明明聽到狗叫的聲音，怎麼貓還在呢？貓說：景氣這麼差，不多學兩種語言，哪有飯吃？這雖然是個故事，卻頗耐人尋味、深省。

（五）具備創新求變的能力

以前的企業界老闆只重視削減成本（Cost down），現在的企業界老闆更重視創新發展的重要性。長期以代工獲得優勢的臺灣企業，面對中國大陸及東南亞市場的低價搶攻，企業要生存、發展，就要轉型、升級，才能迎接挑戰，邁向成功。只是控制成本，只是模仿複製，已經不能趕上時代的潮流，只有努力創新求變，才是企業致富之道。

有好腦袋，才有好口袋；換腦袋，才能換口袋。人的工作和生活，應該要有規律，但是不能太刻板，太刻板便會太拘泥，反多約束。宇宙的生命是變動不羈的，面對變幻無常的世代，更要有智慧和動力來應變。現代是個資訊高度發達的時代，誰掌握資訊，誰就掌握財富；誰掌握資訊，誰就掌握權力。智慧是人生最珍貴的財產，我們要靠腦力賺錢，而不能只是用體力賺錢。用體力賺錢，只能賺很少的錢，而且是很辛苦的錢；用腦力賺錢，就是創新求變。

（六）具備行銷的能力

服務業的崛起，是這個世代企業發展的特色之一，職場頂尖高手一定要具備行銷的能力。職場的工作，不外是對人、對事、對物，不管是對人、對事、對物，都離不開行銷的觀念。我們一方面要有能力行銷自己，一方面要有能力行銷公司的產品。現代的企業，一方面分工愈來愈精細，一方面卻愈來愈強調整合的功能，每位職場的員工，都不能自外於公司整體發展的利益，不能只是自掃門前雪，埋頭苦幹，只關心自己份內的工作。以前的白領階級和藍領階級，劃分很清楚，坐辦公桌和在工廠當黑手的，角色不同，非常明確，現在則有慢慢統合的趨勢，成為紫領階級。換句話說，白領階級要懂藍領階級的事，藍領階級要懂白領階級的事。職務的定位，並不是一成不變，每個職場的員工，都有行銷的責任。

（七）具備終身學習的能力

科技的發展，日以千里，以前是保持現狀才落伍，現在是進步少就落伍。唯有養成終身學習的態度，才不會被職場淘汰，而且能隨時保有競爭的優勢。「苟日新，日日新，又日新，日新又新。」一顆學習的心，就是一顆成長的心、一顆進步的心、一顆發展的心。朱熹〈讀書偶成〉詩：「半畝方塘一鑑開，天光雲影共徘徊。問渠那得清如許？為有源頭活水來。」因為有源頭的活水滾滾而來，所以池子的水清澈見影。一個人不斷在學習，才能不斷在精進。

人生是一本讀不完的書，人在天地間，永遠是學生，學習是一輩子的事。活到老，學到老，學不了。人生有學不完的事，只有見識淺陋的人，才會自以為了不起。學分修的完，學問修不完；學位已告一個段落，學問才正開始。在職場上，各項知識和技能，日新月異，我們要能跟得上時代的腳步，才不會被淘汰。

（八）具備企圖成功的能力

要培養職場競爭優勢，最為重要的，就是要具備企圖成功的能力。人是靠希望活下去，只要心不死，人永遠活著，企圖心是成功的密碼。想成功的人，才能成功，沒有天生的贏家，沒有人天生就是不凡。不凡的人是不斷與生命拔河的人，是希望向命運之神多要一點的人。

企圖決定版圖，格局影響結局。一個人的心有多寬，世界就有多大。青春不留白，任何人都要有旺盛的鬥志，即使不能轟轟烈烈有一番作為，也要在跌跌撞撞之中，讓生命留下美麗的回憶。人活著就是要爭一口氣，我們不是輸不起，而是不服輸，人生的可愛可貴，就是人生雖然充滿挑戰，隨時有失敗的可能，可是因為人的堅持，努力不懈，終於贏得最後的勝利。有了企圖心，加上行動力，就等於成功。

四　老子思想與職場競爭法則

（一）道是老子思想的中心

老子說：「道可道，非常道，名可名，非常名。」道是很難解說，很難被明白的。老子把道解釋為宇宙生命的本源，以及自然的秩序。《老子》第二十五章：「有物混成，先天地生，寂兮寥兮，獨立而不改，周行而不殆，可以為天下母。吾不知其名，字之曰道。」說明道是宇宙生命的本源，在天地未生之前就已經存在。

道的存在，是混然而成，不是具體可象，它沒有顏色，所以看不見；沒有聲音，所以聽不到；沒有形體，所以摸不著。

《老子》第十四章形容道的渾然存在，說「視之不見，名曰夷；聽之不聞，名曰希；摶之不得，名曰微。此三者不可致詰，故混而為一。其上不皦，其下不昧，繩繩不可名，復歸於無物。是謂無狀之狀，無物之象，是謂惚恍。迎之不見其首，隨之不見其後，執古之道，以御今之有，能知古始，是謂道紀。」

看不見叫做「夷」，聽不到叫做「希」，摸不到叫做「微」。因為道是無色、無聲、無形，所以說它是「無狀之狀，無物之象」，我們想迎著它，卻看不到它的頭；想跟著它，卻看不到它的尾。雖然如此，我們不能否定它的存在。

道的存在，是若有若無，如果說是有，則看不見，聽不到，摸不著；如果說是無，則宇宙的本體，天地萬物生命的來源，我們無從找到依據。《老子》第二十一章形容道是恍惚不定的存在，但是在恍惚不定的狀態中，具備創生宇宙萬物的本源。《老子》說：「孔德之容，惟道是從。道之為物，惟恍惟惚。惚兮恍兮，其中有象；恍兮惚兮，其中有物。窈兮冥兮，其中有精。其精甚真，其中有信。自古及今，其名不去，以閱眾甫。吾何以知眾甫之狀哉？以此。」

道是普遍的存在，它存在於每一件事物之中，但是沒有任何一件事物可以界限道的存在。譬如杯子、桌子都有道的存在，但是杯子、桌子，並不等於道。道是無所不在。因為它是無形、無聲、無體、無色，所以我們不能以一個有形、有聲、有味、有色的東西，來加以界定或描述。

《老子》第一章：「無，名天地之始；有，名萬物之母。

故常無，欲以觀其妙；常有，欲以觀其徼。此兩者同出而異名，同謂之玄。玄之又玄，眾妙之門。」天地的源始是「無」，萬物的源始是「有」；「無」為道的體，「有」是道的用。道的本體是虛無，道的作用是無窮無盡。從「無」的觀點來看，可知道體精微奧妙，從「有」的觀點來看，可知道的作用廣大無邊。因為道只是抽象的存在，所以可稱為「無」，但是道能創生萬物，所以又可稱為「有」，道兼有「無」和「有」兩個層面。道的本體雖然是虛無，但道的作用無窮無盡，所以，道才能化生天地萬物。

道如何能化生天地萬物呢？《老子》第四十二章：「道生一，一生二，二生三，三生萬物。萬物負陰而抱陽，沖氣以為和。」道是若有若無，亦實亦虛，在恍惚不定、幽微難辨的狀態中，「其中有物」、「其中有精」、「其中有象」。在天地未分的混沌狀態，有了天地的元氣之後，就化分為陰陽二氣，陰陽二氣盈虛聚散、循環反復，才化生天地萬物。

（二）反者，道之動

《老子》第四十章：「反者，道之動；弱者，道之用。天下萬物生於有，有生於無。」道是宇宙生命的本源，「無」是道之體，「有」是道之用。道的本體，無色、無味，沒有形體，是「視之不見、聽之不聞、搏之不得」，並非具體的事物，所以可稱之為「無」；道的作用，廣大無邊，無遠弗屆，無所不在，所以可稱之為「有」。「體」先於「用」，「無」

先於「有」，因此，「天下萬物生於有，有生於無」。

道的本體雖然是虛無，道的作用確實無窮無盡，道因為能產生無窮無盡的作用，所以才能化生天地萬物。道的作用是循環反復，相依相成，而且周而復始，宇宙的生命才得以生生不息，不斷生成變化。

循環反復，物極必反，物盛則衰，這是自然的法則。人生有順有逆，就像潮起潮落。月有陰晴圓缺，人有悲歡離合，這是很正常的。人生像一場馬拉松賽跑，在人生的競技場上，總是來來往往，得得失失，一時的得，不是永遠的得；一時的失，也不是永遠的失。如果我們是處於順境，要懂得謙虛卑下，才不會樂極生悲；如果我們是處於逆境，要學會堅持百忍，愈挫愈勇，才能否極泰來。

（三）有無相生，難易相成

天下很多的事物。都只是相對待的關係，所謂的美醜、富貧、貴賤、是非、善惡、得失、禍福，就像長短、高下、難易一樣，恆無定數。美者相對於更美者，還不夠美；醜者相對於更醜者，還不算太醜。有錢的人相對於更有錢的人，還不算最有錢，窮者相對於更窮者，也還不是太窮。其他的是非、善惡、得失、禍福的道理，也是如此。

人生的禍福、得失，是常有的事，不足掛懷。得固可喜，敗亦欣然。人要有接納挫折、失敗的雅量，才能領略成功、勝利的喜悅。得意事來，平淡視之；失意事來，平淡視之；

人生真能一無罣礙，才是最大的幸福。

《老子》第五十八章：「禍兮福之所倚，福兮禍之所伏。孰知其極，其無正。正復為奇，善復為妖。人之迷，其日固久。」宇宙萬事萬物都是順應自然天道的變化，而自然天道的變化，是循環反復、周而復始。宇宙是一直在變動中，不管是有生命的、沒有生命的，都不會持久不變。《老子》第二十三章：「飄風不終朝，驟雨不終日，孰為此者？天地。天地尚不能久，而況於人乎？」天地造成的狂風暴雨，尚且不能持久不變，何況人為的事情呢？我們所理解的得失、禍福、是非、善惡，也都是如此。我們一般人迷惑而不明白這個道理，只有聖人能夠固守常道，善處這禍福無定、奇正相演、善惡互變的情形。

禍福無門，唯人自取。財富的有無、地位的高低，都不是最重要的事，人生最重要的是求得一顆安定的心，「求仁得仁」，能夠自得自足，就是人生最大的福報。我們對於名利、得失，應該以豁達的胸懷、平常心看待。法鼓山聖嚴上人說：「我們常說人生不如意事，十常八九，那麼，遇到不如意的事，不正如我們所意嗎？以不如意為如意，人生還有什麼不如意？」能夠接受人生的不圓滿，才能追求圓滿的人生。

宇宙的生命、事物，原是循環反復、得失互見，所以得不必喜，失不必悲，因為都只是人生的過程而已。禍福相倚相伏，如果不能夠記取災禍的教訓，則將禍不單行；至於福緣的獲得，對於一個知福、惜福的人而言，必能持盈保泰，事事如意。如果沾沾自喜，自鳴得意，驕傲狂大，必然是一世英名，毀於一旦。

福中有禍，禍中有福，古代聖賢從自然天道，已經體察這種相對的理念，「有無相生，難易相成。」我們不必庸人自擾，為這相對的理念，以及永遠變動不羈的事物，而心存罣礙。是福不是禍，是禍躲不過。該來的就讓它來，該去的就讓它去，不必執著與偏邪，順應自然。如果刻意的追求或迴避，雖得之，必失之；雖去之，必得之。

（四）天長地久

天地所以能長久，是因為天地無私，不自為生，不自營其生。天地是最為大公無私的，「天無私覆，地無私載。」天不因為一個人有錢、有地位，所以就特別高。地不因為一個人聰明、漂亮，所以就特別厚，眾生平等，一視同仁。此外，天地最了不起的地方，就是天地創生萬物，生養萬物，而功成不居。

道創生天地萬物。卻只是自然的作為，而不是刻意的經營。「道常無為而無不為」（《老子》第三十七章），天地萬物是道所創，我們卻看不見道的作為。我們認為道是無為，但是道能衣養萬物，則是無不為；道因為是無不為，所以才能夠使宇宙萬物有生生不息的生命。道如果是無為，天地萬物又如何能夠生成變化呢？

道的作為，純任自然，不偏不私，虛靜無功。《老子》

第五十一章：「道生之，德蓄之，物形之，勢成之，是以萬物莫不遵道而貴德。道之尊，德之貴，夫莫之命而常自然。故道生之，德畜之，長之，育之，亭之，毒之，養之，覆之，生而不有，為而不恃，長而不宰，是謂玄德。」道創生萬物，德含有萬物。陰陽二氣使萬物成形，氣候水土使萬物成長，但是陰陽二氣和氣候水土，也是由道和德演化而來，道與德是創生萬物的根本。

天地萬物沒有不尊崇道、珍貴德，道的受尊崇，德的受珍貴，是因為道與德的創生萬物，無心無為，純任自然，而不會為萬物亂加干涉。生長萬物，而不據為己有，作育萬物，而不自恃其能；成長萬物，而不為萬物的主宰，這正是道的作用所以微妙深遠之處。

（五）功成身退，天之道

天道的偉大，是天道創生萬物，衣養萬物，而能「生而不有，為而不恃，功成而不居。」（《老子》第二章）不只是功成不居，而且功成身退。天道的偉大，是讓天地萬物不覺得它偉大，在平實中見其真實，在平凡中顯其非凡。天道的作為，純任自然，不偏不私，無心自化。正因為如此，天地萬物才能維持和諧、平衡的關係，才不會脫軌脫序、一團混亂。

天道偉大，而不自認為偉大，所以呈現它真正的偉大。一個自認了不起的人，是不夠了不起的；即便他有一些了不起的地方，因為他的驕傲自滿，就掩蓋了他的了不起，而變得不夠了不起了。人外有人，天外有天，每個人都有一些優點，也有一些缺點，只是有的人優點多、缺點少，有的人缺點多、優點少。「金無十足，人無十全。」沒有人是只有優點而沒有缺點，也沒有人只有缺點而沒有優點。所以，人是沒有什麼值得驕傲，也沒有什麼值得自卑的，歡喜做自己，減少缺點，增加優點，更為重要。

天道不居功，也不爭功，「以其不爭，故天下莫能與之爭。」（《老子》第六十六章）爭字，甲骨文像兩人各持物之一端相爭之形。兩人持物各不相讓是爭，一人持物被另一人所奪是奪，不管是爭或是奪，一定有是非、有得失、有輸贏。爭是非、爭得失、爭輸贏，都是起於分別心，起於貪心。

「人心不足，蛇吞象。」我們想要的很多，我們需要的很少，一個人只要一點點食物，一點點水，就可以存活下去，可是我們對於物質享受的追求，總是好還要更好，多還要更多。一個不滿足的人，是不快樂的，「求不完，苦不完。」天下事一得一失，沒有白吃的午餐，沒有不勞而獲的事，凡有所求，必有付出，為了爭名奪利，往往是傷人又害己。

（六）聖人體道，功成不居

《老子》第二章：「聖人處無為之事，行不言之教。萬物作焉而辭，生而不有，為而不恃，功成而不居。夫唯弗居，是以不去。」聖人是道家最高的理想人物，與道同體，純任自然，虛靜不爭，無為無欲。老子的政治理想，是要像體合天道的聖人，凡事順應自然，以無為的態度處事，施行不言的教化。

道體自然，無為自化，而萬物各遂其生。如果道體不是自然無為，使萬物自化，則將會破壞環境的均衡和諧，那便要戕害天地萬物，而不是化生天地萬物了。《老子》第五章：「天地不仁，以萬物為芻狗，聖人不仁，以百姓為芻狗。」芻狗是草紮的狗，輕賤之物，祭祀的時候，拿來盛奉，用完以後，就燒掉，毫不吝惜。天地對於萬物，無偏無私，天地對待萬物，如同芻狗一般，並不刻意去照顧、關懷，也不會無端的干涉、困擾，任憑萬物自行成長變化。聖人效法天道，也是自然而為，不必刻意作為。

聖人體道而行，為政之道，也是如此。《老子》第五十八章：「其政悶悶，其民淳淳；其政察察，其民缺缺。」為政者無為無事，政治好像昏暗不明，人民卻能享有自由而安定的生活，民風十分淳厚。相反地，如果為政者施政嚴明，太多作為，人民反多行險巧詐，民風日漸澆薄。所以《老子》第七十五章：「民之饑，以其上食稅之多，是以饑。民之難治，以其上之有為，是以難治。」

《老子》第十七章：「太上，不知有之；其次，親而譽之；其次，畏之；其次，侮之。信不足焉，有不信焉。悠兮其貴言。功成，事遂，百姓皆謂：我自然。」老子的政治哲學，認為最上等的國君治理天下，是居無為之事，行不言之教，使人民各順其任，各安其生，讓人民不知道有國君的存在。次一等的國君，以德化教民，以仁義治民，所以人民都親近他們、讚譽他們。再次一等的國君，以權術愚弄人民，以詭詐欺騙人民，所以人民都不服從他們，這種國君本身誠信不足，人民當然不相信他們。最上等的國君悠閒無為，不輕易發號司令，而人民都能過著安和樂利的生活，大功告成了，事情辦好了，人民卻不曉得這是國君的功勞，反而都說我們原來就是這樣。

（七）上善若水

「上善若水」，上德之人，像水一樣。上德之人是人生的理想，上德之人的修養如何？老子以上德之人和水相比，兩者之間有什麼相似的地方呢？首先，我們要了解水有哪些特性？老子認為，水的特性有三：一是水能滋養萬物，為萬物生命存在的重要依據。水、空氣、陽光，三者缺一不可。天地萬物如果沒有水的滋養，生命就很難生存維持，但是「萬物作焉而不辭，生而不有，為而不恃，功成而不居。」這種不居功，不爭功的精神，是水的特性之一。

其次，水性柔弱，決之東方則東流，決之西方則西流，盂圓則圓，盂方則方，這種不與萬物相爭的精神。是水的特性之二。

再者，眾人惡居卑濕垢濁之地，水則不嫌棄，願意處卑、處下，處眾人之所惡，這種精神是水的特性之三。

水有「利萬物」、「不爭」、「處眾人之所惡」等三個特性，和道的特性很接近，所以老子說：「幾於道。」因為道無、水有，所以水不等於道，但是老子常常道、水並論。《老子》第三十二章：「譬道之在天下，猶川谷之與江海。」就是以水喻道。道之在天下，無所不在，水之在天下，也是如此。整個世界有三分之二的面積是水，水與萬物生命的關係，非常重要。正如道的生化萬物，無窮無盡，只是道是不可見、不可聽、不可觸的抽象存在，水是具體可見、可聽、可觸的實物。

老子主張不爭、守柔、處下，是從水的特性得到的體悟。老子告誡世人不要過分追求，好爭的人，結果什麼都爭不到，即使爭到了，也要付出很大的代價，甚至帶來痛苦與不安，以及對自己和對別人的傷害。相反的，不爭的人，沒有人會和他爭，由於不爭，所以內心平和、快樂，獲得真正的幸福。

《老子》第七十六章：「人之生也柔弱，其死也堅強；萬物草木之生也柔弱，其死也枯槁。故堅強者死之徒，柔弱者生之徒。是以兵強則不勝，木強則兵。強大處下，柔弱處上。」七十八章：「天下莫柔弱於水，而攻堅強者莫之能勝。」太剛強、太猛烈的東西，容易被摧毀、被消滅，用剛強和猛烈的手段，也不容易成功。反之，用柔順、溫和的手段，受到反對的壓力最少，最容易成功。

至於處下的好處，如江河處下，而萬流歸之，人君處下，而萬民歸之。古代國君高高在上，而自稱孤、寡、不穀，這就是以退為進，以下為上的作法。《老子》第六十六章：「江海所以能為百谷王者，以其善下之，故能為百谷王。是以聖人欲上民，必以言下之，欲先民，必以身後之。是以聖人處上而民不重，處前而民不害。是以天下樂推而不厭。以其不爭，故天下莫能與之爭。」就是這個道理。

老子以水為喻，還有以下數章。《老子》第十五章：「古之善為道者，……豫兮若冬涉川，……渙兮若冰之將釋，……渾兮其若濁。」古代得道的人，像水一樣，「豫兮若冬涉川」，形容其立身行事，非常謹慎小心，不敢妄進，就像在冬天涉水，怕不小心就陷入水中。「渙兮若冰之將釋」，形容其修道進德，除情去欲，好像冰水的溶解。「渾兮其若濁」，形容其生活表現，渾噩愚昧，不露鋒芒，好像混濁的大水。

《老子》第二十章：「澹兮其若海。」形容得道的人，恬淡寧靜，好像大海一樣，寂寥廣闊。又第二十三章：「驟雨不終日。」強調不合於正常的暴雨是下不了一整天。來的急，去的也快。一切的人情事理，總是以自然為貴，不要強求，不要妄自作為。

上善之人若水，「居善地，心善淵，與善仁，言善信，正善治，事善能，動善時。夫唯不爭，故無尤。」（《老子》第八章）上善之人處身退讓謙下，宅心寂默深沈，就像水的「處眾人之所惡」；博施而不望回報，說話真誠不妄，為政能獲得很好的成績，做事有很好的效率，就像水的「利萬物」；行動能掌握很好的時機，該有作為才有作為，不該有作為，就不要有作為，不要一意孤行，勉強表現，就像水的「不爭」。

五　結論

儒道是中華文化的兩大主流，儒家的修養，在表現我們對理想的追求，道家的修養，在忘掉自身的優越成就。儒家是把自然凝聚成人文，道家是把人文解脫，回歸自然。儒家的價值在付出，道家的價值在反省；儒家求善，道家求真。儒家與道家都是在追求人生的大美，只是面向不同而已。

從老子談職場競爭法則，《老子》一書並沒有提到如何增加職場競爭力的問題，重要在檢視職能中的人格特質，尤其是人如何自處？人如何待人？以及在職場上，長官對待部屬應有的態度。

老子的思想，從自然天道談起，「人法天，地法人，天法自然。」道創生萬物，無為而無不為，功成而不居，聖人效法天道。「處無為之事，行不言之教。」老子的哲學，應用到職場上，主管帶領部屬，要讓部屬各順其性，各安其生，「太上，不知有之;其次，親而譽之;其次，畏之;其次，侮之。」

老子說：「企者不立，跨者不行。」緊接著又說：「自見者不明，自是者不彰，自伐者無功，自誇者不長。」道創設天地萬物，功成不居，「唯其不居，是以不去。」「唯其不爭，故無人與之爭。」謙受益，滿招損，物戒太甚、太滿，古有明訓。

《老子》第二十二章：「不自見，故明；不自是，故彰；不自伐，故有功；不自矜，故長。」與此章「自見者不明，自是者不彰，自伐者無功，自誇者不長。」可以互相發明；老子一再從正反不同的角度申論，可見他對這個論點的重視。一個自以為聰明的人、一個自以為很有能力的人、一個自以為很有功勞的人、一個自認為有很多優點的人，像是一桶水已經裝滿了，便再也裝不下更多的水，若是再裝入水，就會溢出來。

人生的種種災禍，往往是一個爭字。爭強好盛，開車比快，結果發生車禍；好勇鬥狠，不甘委屈，結果命喪九泉。爭是非、爭得失、爭多寡、爭快慢，都是一個爭字作遂。朋友失和，夫妻反目，以及許許多多的人事糾紛，大大小小的交通事故，全都是因為不能謙下退讓。

是非總因強出頭，老子主張柔弱的哲學，告誡世人不要過分爭求。好爭的人，什麼都爭不到，即使爭到了，也會給自己帶來不安和痛苦，而不爭的人，內心一片祥和安樂。同時，因為他不與人爭，所以沒有人和他爭。

太剛強、太猛烈的東西，是容易被摧毀、被消滅，用剛強和猛烈的手段，也不容易成功。相反地，用柔順、溫和的手段，受到反對的壓力最少，最容易成功。

雄尊而雌卑，雄剛而雌柔，雄動而雌靜。知雄守雌，即知尊守卑、知剛守柔、知動守靜。「知白、守黑」，知道光明的好處，而寧願處下暗昧。

爭名利，爭得失，爭是非，都是起於分別心。人生其實沒有什麼好計較的，錢要賺多少才夠？不滿足的人，再多的財富，都嫌不足。天下事一得一失，人生難免會有很多缺陷，人生難免會有很多的問題，心有多寬，世界就有多寬。不管是個人的修身，或是齊家、治國、平天下，都應該謙讓不爭，守柔處下。剛強易摧，爭強好勝的人是不會有好結果的。

有一首佛家偈語：「手把青秧插滿田，低頭便見水中天。心地清淨方為道，退步原來是向前。」農夫插秧的時候，都是倒退步一株一株秧苗插在水田裡，可是對水田而言，一排排的秧苗，卻是向前挺立的。沒有前面，哪裡是後面？沒有左邊，什麼地方是右邊？所謂前後左右，環肥燕瘦，都是相互比較，我們實在不應該有罣礙，也不必有罣礙，海闊天空，逍遙自在。

所謂的得失、禍福、成敗、是非，原無一定。「塞翁失馬，焉知非福」，「少年得至大不幸」，「物極必反」，「樂極生悲」，這些古訓，都是千百年流傳下來的人生經驗，值得我們省思。

人以自然為師。天道創生萬物，貢獻這麼大，功勞這麼多，卻能不居功。我們要維持一個良好的人際關係，如果對別人有付出、有恩惠，也要如同天道一般，不居功、功成身退。不自大的人，才能成其大；不爭的人，沒有人與之爭。

在職場上，我們一方面要知己知彼，檢視自己的職能，培養職場競爭的優勢；另外，非常重要的是要從老子的智慧，學習職場必備的人格特質。企業對職能的要求，專業知識和技能，並不是放在第一位，建立良好的人際關係，才是關鍵所在。老子的思想，無疑是取得職場的成功和開創亮麗生命的一盞明燈。

從老子談職場必勝法則

一　前言

儒道為中華文化的兩大主流，孔曰成仁，孟曰取義，老子講無為，莊子求逍遙，各有其立論的基礎，但都是為尋覓人類共生、共存、共榮的原理原則，貢獻其心力智慧。從東邊爬山和從西邊爬山，方向不同，目的一致，都是希望到達山頂。孔、孟、老、莊的思想，各有勝境，都有值得我們學習借鏡的地方。

老子的思想對職場的必勝法則，有什麼啟發和指引的作用呢？老子是中國古代最有名的思想家之一，《道德經》五千言，雖然主要在談論宇宙自然的天道、為政施教的道理，以及人生存在的哲理，但是天下的道理是相通的。職場是生活的一環，不分古今中外，生而為人，先要探討人生的意義與價值，才能追求工作的愉快，生活的美滿。我們熟讀《老子》一書，不僅對我們的生命、我們的生活、能有明確的理解與定位，對於職場上求生、成功、必勝、競爭、抗壓、快樂等等問題，也都能到關鍵密碼，成為一位快樂而成功的職場達人。

二　如何贏得職場必勝法則

（一）具備信心

信心是事業成功的基礎。我們作任何事情，如果沒有信心，一定很難成功。一個人的失敗，往往是給自己打敗的。失去的心，就失去了一切，沒有信心，就沒有希望，人是靠希望活下去的。

對求職的人而言，在面試的時候，如果對自己沒有信心，一定不能侃侃而談、輕鬆、自信以對，這怎麼能夠贏得主考官的青睞呢？

有信心，才有力量，信心是力量的泉源，自信為成功邁出第一步。一個信不過自己的人，別人如何能相信他呢？當然，信心是以實力為後盾，沒有實力的信心，只是幻想、妄想而已，是經不起考驗的。所以在應徵工作的時候，一定很清楚應徵工作的性質和內容，以及自己是否具備應徵工作的條件與能力。養兵千日，用在一時，等到應徵工作，才要臨時抱佛腳，是來不及的。想要講關係、求人情，是不可靠的，自己的實力，才是唯一可靠的憑藉。有了實力，就有了信心，有了信心，就已經踏出成功的第一步。

（二）具備決心

想成功的人，才能成功；怕失敗的人，一定失敗。企圖決定版圖，格局影響結局。一個人的心有多寬，他的世界就有多寬。沒有天生的贏家，沒有天生就是不凡。成功不是因為運氣，而是比別人付出更多的努力。樹的方向，由風決定；人的方向，由自己決定。沒有人可以限制我們能做什麼、不能做什麼？只有自己會限制自己能做什麼、不能做什麼？路是無限寬廣，不要自己限制自己。

職場的必勝法則，光有信心是不夠的，還要有決心，才能登向高峰。有了決心，才能無懼任何困難與挫折，勇往直前，不達目的，絕不放棄。

走路沒有不會遇到紅燈的，所以走的路愈長，所可能遇到的紅燈就愈多。一個人的目標愈遠大，所會遭遇的問題和困境，相對就會增加很多。因為有必勝的決心，才能專一心志，才能無怨無悔，才能全心全力，奮勇向前。在職場的必勝法則，信心很重要，決心更重要。

（三）具備恆心

有恆為成功之本。大家都想成功，但不是每個人都成功，沒有成功的人，往往不是沒有能力，而是沒有盡力。人生像一場馬拉松賽跑，不是看誰第一個衝出去，而是看誰第一個跑到終點。《詩經》上說：「靡不有初，鮮克有終。」很多人一開始都是興致勃勃，充滿信心和希望，但經不起困難和誘惑，便三心兩意，虎頭蛇尾，一曝十寒，只有五分鐘熱度，而不能夠堅持到底。中國大陸阿里巴巴網站的創始人馬雲曾經應邀到台北演講，在演講中他說：「今天很殘酷，明天也很殘酷，後天很美好，但是大部分的人死在明天晚上。」

職場的必勝法則，有信心是不夠的，有決心是不夠的，還要有恆心。企圖心加行動力，等於成功。企圖心是想成功的決心，想成功的人，未必能成功，因為成功不是用想的，而是用做的，是要身體力行，而不只在嘴上說說而已。一個人付出多少，回報多少，一分耕耘，一分收穫。不肯付出的人，是一無所得的人，只有一點點付出，便只有一點點的回報。

一口井在還沒挖到井水之前，不管挖到多深，都仍是一口廢井，一個人不管付出多少的努力，在還沒成功之前，都不能半途而廢。任何一個理想的追求，就像工程問題，一項工程如果需要一百天才能完成，付出三天和付出九十九天，都是失敗者。

（四）具備能力

成功是拚出來的，但是要有真工夫、真本事，才能拚出成功，蠻幹、傻幹、苦幹，是得不到預期的成果的。在職場上，專業的知識和技能是絕對不能沒有的能力，另外，語言表達能力、電腦運用能力、情緒管理能力、人際溝通能力，以及正確的人生觀照與工作態度，都十分重要。

在這個多元社會裡，職場版圖有很大的變化，跨界經營成為現代企業的重要特色和趨勢，職場對員工的要求，愈來愈嚴苛，不只要有專業的能力，而且不能只有一項專業的能力，跨領域、跨業界、跨文化、跨國界的求生發展能力愈強的人，才會是職場的必勝客、常勝軍，而不會從職場敗戰下來，提早從職場退場。職場是冷酷現實的，誰有能力，誰就攀登高峰；誰被淘汰，誰就黯然出場。

（五）具備毅力

拿破崙說：「勝利屬於最堅忍的人。」在人生的跑道上，誰先放棄，誰先失敗。不是看誰第一個衝出去，而是看誰第一個跑道終點。堅持是成功的不二法門，很多人不要輸在起跑點，我認為更為重要的是要贏在終點。老天是很公平的，天下沒有不勞而獲的事，也許有一時的運氣，但不會有一輩子的運氣，成功是靠力氣，不是靠運氣，我們不能把運氣當福氣。

在追求成功的過程中，挫折、失敗是難免的，所有的失敗，都是通往成功必經之路。愛迪生發明電燈，是經過四千次的失敗，法國巴律西改良瓷器，幾乎到了傾家蕩產的地步，最後把家裡的門板都拿去當柴火，最後才成功。成功的果實，唯其難得，所以可貴。只有堅持到底，毅力不移的努力，才有機會品嚐成功的豐碩滋味。

三　老子思想與職場必勝法則

（一）自知者明

《老子》第三十三章：「自知者明。」

人貴自知，職場的必勝法則，第一重要的是要了解自己，了解自己有什麼，沒有什麼？了解自己要什麼，不要什麼？很多人不了解自己，以為自己是張三，或是李四，不是把自己捧得太高，就是太看不起自己。去應徵一份工作，沒有很清楚工作的性質和內容，也不了解自己是不是適任，自己會不會有興趣。

找工作之前，先要找到自己；認識自己，永遠是求職的第一課。了解自己是很重要的，一個不了解自己的人，如何能夠發揮他的長才？如何能夠改進他的短處？雖然說天不生無用之人，天生我才必有用，但也要知道自己是哪塊材料？自己幾斤幾兩重？

一個人屢次從職場上敗陣下來，當然會很傷心、很氣餒，但是不能只是傷心、氣餒而已，更不能只是抱怨運氣欠佳、命運不好，而要虛心檢討改進，到底自己為什麼不能成為職場達人，百戰百勝？我們去應徵一份工作，是人求事，不是事求人，不是看自己有什麼能耐，而是看對方需要什麼樣的才華，不是看我們有什麼，而是看別人需要什麼？如果我們不具備別人需要的條件和能力，再有什麼別的本事也沒有用。

（二）自勝者強

《老子》第三十三章：「自勝者強。」

一個人最大的敵人是自己，一個人的失敗，往往不是來自外在的因素，而是自己的內心。懦弱的個性，使自己對自己沒有信心；貪婪的心裡，不知節制，不能知止、知足；懶惰的習慣，只想成功，而不肯付出努力；自私的態度，凡事以自我為中心，不肯捨己為人，利己利人；自閉的生活，不能走入人群，廣結善緣，建立良好的人際關係。

一個人的成功，常常要有貴人相助。所謂貴人，不只是對我們好的人，也包括使我們變得更好的人。人脈就是錢脈，在職場上，建立良好的人際關係，是職場必勝的重要條件，所以，我們要戰勝自己的懦弱，戰勝自己的貪婪，戰勝自己的懶惰，戰勝自己的自私，戰勝自己的自閉，走出自我設限的樊籬。

（三）千里之行，始於足下

《老子》第六十四章：「合抱之木，生於毫末；九層之台，起於累土；千里之行，始於足下。」

合抱的大木，是從嫩芽長起來的；九層的高台，是由一籮筐一籮筐的泥土築起來的；千里的遠行，是由一步一步走出來的。我們的目標可以很高遠，但是要腳踏實地，一步一腳印，努力向前行，不可以好高騖遠，不切實際。有一位成功的企業家在他的傳記裡自述他的成功，他說：「所謂工作天，是從昨天晚上開始。昨天晚上，別人已經睡覺，我還在工作；今天早上，別人還在睡覺，我已經起來工作。」因為他付出愈多，所以成就愈大。勤於做事的人，才會是職場必勝的人。

行者常至，為者常成。這是千古不變的道理。臨淵羨魚，是吃不到魚的，要想吃得到魚，就要自己和別人一樣，下海撒網捕魚。任何事業的成功，有目標、有計畫之外，更為重要的事要有實際的行動。坐而言，不如起而行，力行是成功的必備條件。

（四）天下難事，必作於易

《老子》第六十三章：「天下難事，必作於易；天下大事，必作於細。」

天下無難事，只怕有心人。成功的人找機會，失敗的人找藉口。成功的人，不是運氣好，而是比別人更多的努力；失敗的人，不是運氣不好，而是努力不夠。當然，努力是要有目標，有方法，不是盲目亂撞就能夠走出一條康莊大道。「物有本末，事有始終，知所先後，則近道矣！」所謂道，是指做事的原理、原則。我們處理事情，要急其所急，緩其所緩，不能急其所緩，緩其所急。

面對任何困難，我們不能先慌了手腳，失了分寸。所謂大事，其實是許多小事累積起來，我們不能一口氣吃下一個大餅，但是我們把大餅切成幾片小餅，就可以一口一口吃完了。一團亂麻，糾纏不清，只要我們有耐心清理，總可以慢慢解開。急事難成，事緩則圓，想成就大事業的人，一定要沉穩厚重，不可急切慌亂。凡事不能急於求成，揠苗助長。再困難的事，也要耐下性子，化繁為簡。聰明的人，把複雜問題簡單化，愚笨的人，把簡單問題複雜化。我們要簡化問題，不要複雜化問題。

（五）至虛守靜

《老子》第十六章：「致虛極。守靜篤。萬物並作，吾以觀復。夫物芸芸，各復歸其根。歸根曰靜，是謂復命。」

天下本無事，庸人自擾之。我們常以為天要塌下來，其實只是自己腳跟站歪而已，很多事情並沒有想像中那麼嚴重，我們只是自己被自己嚇到了。

「致虛」，是消除心知的作用，使內心空虛無知；「守靜」，是去除欲念的煩惱，使內心安寧靜默。人的心靈本來是虛明寧靜的，但是往往為私慾所蒙蔽，因而觀物不得其正，行事不得其常。我們要努力做到「致虛」、「守靜」的功夫，以恢復原有的虛明寧靜。一個人能夠虛懷若谷，才能夠接納別人的意見，而不會與人爭執，發生不快的事；一個人能夠靜觀自得，才能夠對事理有全面而正確的了解，不會有邪曲不正的看法，這是職場必勝的法則之一。

（六）上善若水

《老子》第八章：「上善若水，水善例萬物而不爭，處眾人之所惡，故幾於道。居善地，心善淵，與善仁，言善信，正善治，事善能，動善時。夫唯不爭，故無尤。」

一般人看待老子的思想，總以為老子是消極的、是無為的，其實，老子是以退為進，是無為而無不為。老子的無為，不是一無作為，而是無刻意作為。老子對天道的運作，有非常深切的理解，天道所以能夠「天長地久」，是因為天地不自生；是因為天地「功遂，身退。」功成不居；是因為天道不爭，萬物不能與之爭。

水有「利萬物」、「不爭」、「處眾人之所惡」，等三個特性，所以「幾於道」。道在天下，無所不在，水在天下，也是如此。整個世界有三分之二的面積是水，水能滋養萬物，為萬物生命存在的重要依據，天地萬物如果沒有水的滋養，生命就很難生存持續，但是它卻能「不爭」、「處眾人之所惡」，這是我們所應該學習效法的地方。

是非總因強出頭，爭強好勝的人，不會是真正的贏家，真正的贏家，一定是「致虛守靜」、「守柔處下」、「功成不居」的人。人以自然為師，「上善若水」，我們從水的引喻，可以領悟許多人生的大道理。

四　結論

生命是一種態度，我們戴著黑色的眼鏡，所看到的景物就都是黑色的；我們戴著藍色的眼鏡，所看到的景物就都是藍色的。生命的態度，決定生命的高度。一個人的成就，在於一個人的心胸；一個人的學問，在於一個人的器識。在一個不景氣的年代，百業蕭條，很多公司、工廠紛紛倒閉，可是有一家公司的業務，仍然蒸蒸日上。記者很好奇的去採訪這家公司的總經理，總經理說:「沒有不景氣，只有不爭氣。」生氣不如爭氣，爭氣才能神氣。

法國大文豪雨果說：「世界最寬廣的是海洋，比海洋寬廣的是天空，比天空寬廣的是人的心靈。」轉個彎，人生更精彩。很多人都想在職場上求生、成功、必勝，而且有勇氣面對競爭、壓力，而得到工作上的快樂和成就，關鍵在於能否具有正向的人生態度，能不能有信心、有決心、有恆心、有能力、有毅力，才能在職場中脫穎而出，取得必勝。

老子的時代，距今已有二千多年，可是他的人生哲理。諸如自知者明、自勝者強、千里之行始於足下、天下難勢必作於易、致虛守靜、上善若水等觀念，都是非常有價值的思想，領悟其中三昧，一定受益良多，一定能成為職場達人。

從莊子談職場抗壓法則

一　前言

天有不測風雲，人有旦夕禍福。人生的苦難、挫折、挑戰是難免的。人生並不是要什麼，就能有什麼，人生往往是事與願違。我們祝福別人「萬事如意」、「心想事成」，到底也只是祝福的話而已。在職場上，一個人的成功，除了必須具備 IQ（智力商數 Intelligence Quotient），和 EQ（情緒商數 Emotional Quotient），還要具備 AQ（逆境商數 Adversity Quotient）。AQ 低的人，遇到困境時，會感到沮喪、憂鬱、煩躁、處處抱怨、逃避挑戰，缺乏創意、鬥志，並且會對自己沒有信心，老是認為自己很倒楣，運氣不好、環境欠佳、別人對不起他，愈想愈苦悶，就掉入惡劣情緒的死胡同，嚴重影響工作效率。相反的，AQ 高的人，具有積極樂觀的人生態度，凡事能從多方面的角度去思維、判斷，不會一意孤行，也不會力不從心，勇敢面對困難、挑戰，發揮創意，尋求解決的方案。AQ 高的人，不但不會被壓力壓扁，反而能夠把壓力變成推力、動力，砥礪自己，愈挫愈勇，以至浴火重生，表現傑出。

莊子的一生，生活貧困，又是生長在一個飽經戰爭、離亂的苦難時代，但是他並沒有畏怯、墮落，他以超然的態度看待人的生死、得失、是非、善惡、禍福，他突破世俗的看法，認為天下萬事萬物都是相對的，而不是絕對的。莊子用象徵性的語言，詼諧的筆調，反映他對凡俗的嘲弄，但是在揶揄聲中，又隱含悲憫的同情。莊子的思想對職場的抗壓能力，確實有許多值得我們學習與借鑑的地方。

二　職場壓力的來源

職場的壓力，有外在的因素，也有內在的因素。在客觀的條件上，因為競爭激烈，人浮於事，往往很難找到一份稱心如意的工作，錢多、事少、離家近的機會並不多，就算很幸運找到一份理想的工作，如果自己的能力不足以勝任工作，就會有壓迫感、無力感。另外，大環境的變化，難以預料，遇到全球性的金融危機，很多大企業、大公司、大工廠應聲關門倒閉，裁員、減薪、工作沒有保障，充滿不確定感，也是壓力的來源之一。另外，主管的要求，同事的協調合作，以及工作太繁重、太枯燥，都會令人產生沉重的壓力。

至於在主觀的條件上，個人的工作態度、人生觀照，也是職場壓力的重要來源。有些人求好心切，自我的期許太高，好還要更好、多還要更多、快還要更快，求不完，就苦不完。

當結果和預期的目標，有太大的差距時，便會產生心理的不悅、煩惱與痛苦，輕者造成內心沈重的壓力，重者產生各種疾病，如頭痛、胃痛、心臟病、高血壓、憂鬱症、焦躁症、情緒官能症，甚至造成免疫系統失調，而成為各種癌症的主因。

現代多年輕人因為太被驕縱，沒有吃過苦，適應力差，外表光鮮亮麗，內在綿軟無力，一遇到壓力，就變成一團稀泥，抗壓不足，大器難成。職場上成功的人，在面對逆境、困境時，都能有正面而積極的心態，發生困難的時候，絕不輕易放棄，冷靜思考壓力的來源和原因，並想出最合適的解決方案，最後把逆境翻轉為順境。與其怨天尤人，感嘆時不我與，不如積極加強職場抗壓能力，改變工作態度，提升專業能力，才有機會出人頭地，成就一番事業。

三　如何加強職場抗壓能力

人為什麼會不安、痛苦、猶豫、徬徨，主要是因為不知道自己是誰？自己有什麼、沒有什麼？自己要什麼、不要什麼？自己該要什麼、不該要什麼？換言之，就是不了解自己的價值觀和人生定位。給自己一個生活和工作的理由，遇到困難、挫折時，用這些標準去解釋、去衡量，自然就會心安理得，自然就會找到生命的陽光和快樂的泉源。如何加強職場抗壓能力，歸納而言，約有下列數點：

（一）建立正向的人生觀

每一個人對人生的看法都不一樣，有些人認為人生充滿無限的生機，對人生充滿希望，有些人則認為人生充滿苦難，對人生產生失望，甚至絕望。聖嚴上人曾說：「我們常說人生不如意事，十常八九，那麼，遇到不如意的事，不正如我們所意嗎？以不如意為如意，人生還有什麼不如意？」的確，如果我們能夠把人生不如意的事，看待成預料之中正常會發生的事，內心就坦然釋懷了。

人生本來就是不圓滿的，正如天地萬物，總是得失互見，人生的悲歡離合，正如月亮的陰晴圓缺。天氣會是晴時多雲偶陣雨，月亮則是缺少圓多。能夠正視人生的不圓滿，才能追求圓滿的人生。人生是有限的，我們只有有限的生命、有限的財富、有限的體力。因此，我們對人生要有正向的看法，對於任何困難、挫折、苦難、都視為必然，都認為是人生必然的一部分，而能逆來順受，勇於面對。

（二）培養豁達的心胸

氣度影響高度，心有多寬，世界就有多寬。法國大文豪雨果說；「世界最寬廣的是海洋，比海洋寬廣的是天空，比天空寬廣的是人的心靈。」我們要學習彌勒菩薩「大肚能容，容天容地，與人無所不容；開口便笑，笑東笑西，凡事付諸一笑。」的豁達精神。世界是無限的寬廣，天無絕人之路，我們常常是自己困住自己，一面抓著痛苦不放，一面在喊痛。

壓力有時是自找的，未雨綢繆當然是應該，但是杞人憂天則不必，我們不要拿明天的烏雲遮住今天的陽光，今天自有今天要做的事、要煩的事，如果凡事想得太多，往往只是自討苦吃而已。昨天是過期的支票，明天是信用卡，今天才是現金，我們要活在當下，樂在今天。

（三）學習自我的鬆弛

今天的時代，科技發展日以千里，以前以三十年為一代，以十年為一代，以五年為一代，以三年為一代，現在則變化更為快速，簡直是瞬息萬變。緊張、忙碌的生活和工作，是大部分人的縮影，隨之而來的是急促、焦慮、躁鬱、不安的情緒反應。「事從容則有餘韻，人從容則有餘年。」現代人很少能從容過日子。我們每天的生活與工作是 Busy（忙碌），Hurry（緊張），Worry（憂慮），應該要 Take easy（放輕鬆），面對任何事情，我們要「要求而不苛求」、「勉強而不逞強」、「緊張而不慌張」、「忙碌而不忙亂」，把步調放慢一點。

現代很多人主張「樂活」、「慢活」，活要活得很開心，生活的腳步要放慢一點，不要急急忙忙、慌慌張張，享受不到人生的美景和風采。每天再忙，要留一點時間給自己，跟自己的心靈對談，好好認識自己。靜不是不動，靜是動的另一種方式，在虛靈靜默之中，人才能真實的面對自己，知道自己是誰？

機器運作，不能一天二十四小時不休息，人的工作，也不能日夜不休。休息是為了走更長遠的路，偶爾給自己度個假，外出旅遊，或是吃一頓美食、逛街購物、與朋友喝咖啡聊天，或是在家泡茶、聽音樂、看書，甚至只是靜下心什麼都不做，坐下來曬個溫暖的太陽，也是人生的一種享受，也是適當釋放壓力的最好方法。

（四）調整生活的習慣

命好不如習慣好，有好的生活習慣，是事業成功的基礎。凌亂的生活是煩惱的來源之一，是壓力產生的因素之一。凌亂的生活，也包括凌亂的思想和凌亂的環境。解決之道，就是保持「心」的單純，保持「生活」的單純，抱持「環境」的單純。壓力來自生活上或是工作上的一些改變，造成威脅到應有的安適、愉悅、快樂的感覺，並且造成心理上的沈重負擔。壓力也來自別人對自己或自己對自己的要求太多。要想甩掉壓力，基本之道，當然要從心開始，另外，調整生活的習慣也很重要。現在很多人因為工作或求學的關係，日夜顛倒，晚上上班、上課，白天休息，而且三餐飲食不規律、不正常，沒有定時、定量，而且因為常常外食，營養不均衡，不只影響生理的健康，也影響心理的健康。我們的生活，本來可以很簡單，只是自己把它複雜化，因此，解決壓力的方法之一，就是盡量使生活簡單化，即使每天有忙不完的工作、開不完的會議，或是不得不參加的應酬，也要盡量保持心靈的簡化。

（五）降低欲望的追求

壓力的來源，除了外在的因素外，大半來自自我的要求太多。煩惱是因為想太多，痛苦是因為不滿足。人心不足，蛇吞象。很多人以前生活苦，沒得吃，後來有得吃了，就要吃得飽、吃得巧，還要有餘，還要講求氣氛、情調。人生的各種欲望，求不完，就苦不完。所以任何事物，只要淺嚐而止、適可而止，過猶不及。

我們想要的很多，我們需要的很少。人只要一點點食物，一點點水，就能活下去，過量的飲食對身體並沒有益處，任何的欲望的追求也是如此。天下沒有白吃的午餐，很多人為了追求無盡的物質或精神上的欲望，日以繼夜，拚命工作，結果得不償失，也許目的達到了，卻失去了健康、親情、友情、愛情……。

人對天、對地、對別人，要求愈少，愈有尊嚴，懂得不要求的人，是有福氣的人。少一些要求，就少一些壓力，我們應很清楚人生最珍貴的是什麼？健康、財富、親情、友情與愛情，我們選擇的優先秩序是如何呢？

（六）提升專業的能力

一枝草，一點露。上天對每個人的要求不同，每個人的自我要求也不同。成功的人生，是每個人的渴望，雖然成功的定義，因人而異，但是天下沒有不勞而獲的事，只有努力付出的人，才有成功的機會；只有具備能力的人，才有成功的條件。

能力愈強的人，成功的機會愈多。今天，職場上的板塊已經有很大的變化，世界村的概念，使得工作的場地，不再侷限在自家附近，企業用人的跨界要求，使得職場工作者必須訓練自己有多元的能力，不能只有一個專長，而且要有跨領域的才能。一個愈有能力的人，才能對自己愈有信心，當自己具有不可被取代的能力的時候，就不用擔心被裁員、減薪的命運，就不用害怕失去工作機會的壓力。同時，也因為具備多元的能力，更能創新、發展，勝任職責，而減少來自職場的壓力。

四　莊子思想與職場抗壓法則

（一）人生有大美

莊子像其他先秦諸子一樣，處身衰亂之世，眼見戰爭的殘酷、政治的動盪、民生的疾苦，亟思一套能夠安頓人民生活、解脫人民困阨的辦法。莊子的人生理想，是建立在一個自由自在，無拘無束的逍遙境界。

現實的世界裡，人生有許多的悲苦、生死、榮辱、得失、禍福……都是解不開的結。莊子認為，人生的種種困境、煩憂、主要都是因為放不開、太執著，一方面私心太重，一方面對外在的客觀環境，人、事與物，依賴太重，所以造成心靈的桎梏，痛苦不堪，所以莊子主張去成心、順應自然，超越有限的、相對的現實世界，而徜徉自適於無限的、絕對的理想世界。

《莊子‧養生主》，莊子藉庖丁解牛的故事，說明養生的道理，即在「依乎天理」、「因其固然」，凡事依憑天然的道理，順應本來的樣子，這就是最好的養生之道。

《莊子‧秋水》：「無以人滅天，無以故滅命。」莊子所謂的天，是指自然，命指自然的秩序、自然的規律。莊子認為人只要順應自然，純任自然，就可以心道合一，與天地精神往來。「乘天地之正，而御六氣之辯，以遊無窮也。」（〈逍遙遊〉）遊，是心靈的自由解放。天道自然的運作，無為無求，人要法天而行，也是無為無求，才能臻於逍遙自適、自由自在的人生至境。

《說文解字》：「遊，旌旗之流也。」段注：「引申為出遊。」取其優遊自在，往來無礙的意思。兒童在遊戲時，常常不自覺是在遊戲，他們會把遊戲的世界想像成真實的世界；藝術家在創造時，也往往擺脫現實的羈絆，而馳騁在無限的想像世界。苦悶起於人生對於有限的厭倦，幻想就是人生對於無限的尋求。

美的特質是自由與無限，莊子主張的道，其特性也是自由與無限。心境愈自由，愈能得到美的享受。美是在有限中看出無限，莊子認為人類的生活，只要像天道一樣，無為無求，順應自然，就可以從現實的羈絆、困阨之中，獲得大自由、大解放，徜徉自得於逍遙世界。

（二）莊子的逍遙世界

《莊子》一書，沒有出現「自由」這個名詞，但是《莊子》書中，一再提到「遊」字，一共出現一百多次，如〈逍遙遊〉：「以遊無窮者」，〈齊物論〉：「而遊乎四海之外」，〈德充符〉：「而遊心乎德之和」……都有優遊自在、從容不迫的意義。莊子所說的「遊」字的境界，就是自由的境界。

自由是一種心境，莊子的人生理想，是建立在一個自由自在、無拘無束的逍遙境界，《莊子》全書即以〈逍遙遊〉為首。何謂「逍遙」？簡單的說，就是徜徉自適的意思，「遊」是優遊自在，「心有天遊」（〈天運〉）。所以，「逍遙遊」，就是徜徉自適，優遊自在。人生的存在，經常被放置在充滿貧乏、恐懼、不安的環境之中，人除非從精神上得到完全的自由解放，否則對於生命的重重困惑、煩惱，沒有辦法根本上得到解決。只有把人被壓迫的狀態中解脫出來，恢復人類求生存、求創造的生命力，重獲個體心靈的自由，人才能徹底解決人生的所以問題。這種使個體生命得以完全自由解放的歷程，就是莊子修道、體道的功夫。

莊子所描述的逍遙世界，是個無拘無束、無限開展的自然世界，如〈逍遙遊〉的「無何有之鄉」、「廣莫之野」，〈齊物論〉的「塵垢之外」，〈應帝王〉的「壙埌之野」，〈在宥〉的「無窮之門」、「無極之野」，〈天運〉的「逍遙之墟」，〈達生〉的「無端之紀」，〈山林〉的「無人之野」、「大莫之國」……。都是具有廣大無間、無限開展的象徵意義。

莊子所最關懷的是生命的本體，雖然莊子的筆調是詼諧的，語中常帶嘲諷譏刺，而且設詞立論多屬「繆悠之說」、「荒唐之言」、「無端崖之辭」，但是他的精神是嚴肅的，他的內心充滿悲憫的情懷，他不只是追求個人的逍遙自得，他更為廣大的痛苦人生，指點生命的迷津，在他的揶揄聲中，也隱含著深遠的寓意，對執迷的人心，實有啟發、警惕、鼓舞的作用。《莊子》一書，即藉著許多生動的寓言，說明一個人應該如何努力，才能解脫人生的種種煩惱與痛苦，而徜徉於自得自在、無限寬廣的人生至境，如〈逍遙遊〉，惠子拙於用大，所以有大瓠而無用，有大樹而無用，莊子認為，大瓠可以「慮以為大樽而浮乎江湖」，大樹可以「樹之於無何有之鄉，廣莫之野」，「徬徨乎無為其側，逍遙乎寢臥其下。不夭斤斧，物無害者，無所可用，安所困苦哉？」一般人往往囿於有形的、看得見的東西，以為看得見的東西才存在，以為世俗認為有用的東西，才是有用的東西。

我們都知道，很多存在的東西，是我們看不見的，很多世俗認為有用的東西，不是真正有用，而很多真正有用的東西，世俗的眼光卻認為沒有用。所謂有用、無用，實在沒有定論，得其當則有用，不得其當則無用，所以不是大就是有用，或是大就是無用；當然也不是小就是有用，或是小就是無用。因此，同樣是不龜手之藥，有人只能世世為洴澼絖，有人則可以裂地而封臣。

美是心靈保留一片自由的空間，懂得無用之用是為大用，才能真正享受人生的大美。我們一般人執著於有無之間，所以會放不開而罣礙難行，受到情牽和物累，動輒得咎，痛苦不堪，如果能夠放開一切，消解所有的情牽和物累，那麼，就能無罣無礙，徜徉於自由無限的逍遙世界。

（三）心齋與坐忘

《莊子．逍遙遊》中，有「至人無己，神人無功，聖人無名。」三句話，這三句話，尤以「至人無己」為關鍵，能夠無己，就能夠無功、無名。「無己」，就是〈齊物論〉中「今者吾喪我」的「喪我」，其真實內容就是「心齋」、「坐忘」。「心齋」與「坐忘」是莊子通往逍遙自適的人生至境的不二途徑，「心齋」與「坐忘」也是通往美感經驗最重要得步驟。

《莊子．人間世》：「回曰：敢問心齋。仲尼曰：若一志，無聽之以耳而聽之以心，無聽之以心而聽之以氣！聽止於耳，心止於符。氣也者，虛而待物者也。唯道集虛。虛者，心齋也。」

「心齋」是心的齋戒。人生的困苦，往往來自心知的癡迷。人的心知，一方面會受外物所蔽，一方面也會受情欲所溺，因而觀物不得其正，行事多失其常。「心齋」，就是人在物象與情慾的牽引之間，如何保持心靈的清明，不會迷失方向，誤入歧途;而更為重要的是，因為能夠擺脫欲望的要挾，以及物象的迷惑，而使精神得以自由解放。顏淵問孔子什麼叫心齋？孔子說：一個人專心一致，不要用耳朵去聽，要用心去聽，不要用心去聽，要用氣去聽。耳朵是聽覺的媒介，耳朵的功能，止於聽覺，它沒有反省選擇的能力，心才有綜合、分析、判斷的作用。可是耳朵所聽，心知所想，都是有限的，只有用氣去聽，才能接納無限。氣，是空虛心境的形容，所謂「唯道集虛」，是說大道存在於虛空的境界中，換言之，只有虛空的心境，才能實現對道的觀照。

心有知覺，能作邏輯的思考，而有是非得失的功利思想，人或溺於情欲，或蔽於物象，則心不能得其正而有所偏，於是自困自苦，不能遊於「心之初」，與大道冥合，氣就是虛而待物。道是無限的、自由的，耳目的知覺，心知的邏輯思考，都只能把握有限的事物，而且徒增執迷與煩苦，只有用空虛的心境直觀，不產生任何理性思慮或經驗積累，清淨純白，無薰染造作，才能把握無限自由的大道。

在「心齋」的「虛而待物」之外，莊子又強調「坐忘」的「同於大通」境界。《莊子．大宗師》「仲尼蹴然曰：何謂坐忘？顏回曰：墮肢體，黜聰明，離形去知，同於大通，此謂坐忘。」顏回談「坐忘」的功夫，層層漸進，先是「忘仁義」，而後「忘禮樂」，而後「坐忘」。仁義、禮樂，都是人為的規範，後設的價值觀念，道德涉及價值判斷和實踐意志，由價值判斷，必引發善惡、是非等分別心；由實踐意志，「善」成為追求的對象，含有欲念的興起。這二者都是證入自由無限的人生藝術境界的障蔽，所以必須一一排除遺忘。不過，真正的欲望，是起自個我形體及種種官能的妄作，老子曾指出個我的形體，是一切禍患的根源。所以顏回於忘仁義、忘禮樂之後，終而要「坐忘」——墮肢體，黜聰明，離形去知，同於大通。「墮肢體」，不是毀壞肢體，而是忘掉自己形體的存在，也就是「離形」；「黜聰明」，不是不要聰明，而是去掉一切對是非得失的思慮，也就是「去知」。離形，是忘去形體的執著；去知，是遣除官能的妄作。《莊子》一書，強調「離形」、「去知」的地方很多，有時並舉，有時獨用，而都指明兩者是遊心於自由無限境界的不二法門。

人有形體的存在，凡事就會以自我為中心，對客觀萬有的認識，必隨之落入功利實用的層次，私心太重，動輒得咎；同時，因為太執著，所以不能免除好惡得失所引生的憂懼，而無緣享受自由無限的心靈活動。《莊子》一書「忘」字多達八十餘次，莊子非常重視「忘」的功夫。所謂「忘」，就是經驗、知識的消解，顏回於「忘仁義」、「忘禮樂」之後，還必須「墮肢體，黜聰明」，形體俱忘，才能「同於大通」。大通就是大道，大道通生萬物，所以稱為大道。能夠忘掉小我，才能與宇宙的大我相通，身與物化，達到最高的藝術境界。

離形，就是無聽之以耳而聽之以心；去知，就是無聽之以心而聽之以氣，虛而待物。所以「坐忘」與「心齋」一樣，都是要將形體的我，化為虛靜，不作分解性、概念性的活動，使心從實用與分解的知中解放出來，而僅有知覺的直覺活動，則心靈得以完全自由解放，當下即是美的觀點，藝術的人生。「心齋」與「坐忘」，既是莊子藝術人生必備的修養，也是獲致美感經驗的唯一途徑。

（四）能忘才能遊

能忘，才能遊，要享受美感的經驗，先要做到忘我、忘物、忘得失、忘利害……等等地步。唯其能忘，所以才不帶目的，沒有作為；唯其不帶目的，沒有作為，才能不患得患失，不受拘束羈絆，而得以與萬物直接照面，悠遊於美感經驗之中。

> 《莊子．大宗師》：「子祀、子輿、子犁、子來四人相與語曰：『孰能以無為首，以生為脊，以死為尻，孰知死生存亡之一體者，吾與之友矣。』四人相視而笑，莫逆於心，遂相與為友。俄而，子輿有病，子祀往問之。曰：『偉哉夫造物者，將以予為此拘拘也！曲僂發背，上有五管，頤隱於齊，肩高於頂，句贅指天，陰陽之氣有沴，其心閒而無事，跰𨇤而鑑於井，曰：嗟乎！夫造物者又將以予為此拘拘也。』子祀曰：『女惡之乎？』曰：『亡，予何惡！浸假而化予之左臂以為雞，予因以求時夜；浸假而化予之右臂以為彈，予因以求鴞炙；浸假而化予之尻以為輪，以神為馬，

予因以乘之，豈更駕哉！且夫得者，時也；失者，順也。安時而處順，哀樂不能入也。此古之所謂縣解也。而不能自解者，物有結之。且夫物不勝天久矣，吾又何惡焉。』」

子輿化為「雞」，為「彈」、為「輪」、為「馬」的比喻，即是物化的境界。「浸假而化予之左臂以為雞，予因以求時夜」，「浸假而化予之右臂以為彈，予因以求鴞炙」，「浸假而化予之尻以為輪，以神為馬，予因以乘之」，子輿能夠與時俱化，忘知、忘己，而無計較之心、哀樂之情，所以能「懸解」，獲得人生的大解脫、大快樂。子輿認為，人所以不能得到「懸解」，是由於「物有結之」，自己被「物」所繫結，當然就無法解脫。所謂「物」，可能是外來物象，可能是內心的欲念，物欲與情牽，都有得失之心，都有罣礙之念，都是痛苦的源泉。化為雞，而圓滿自足於雞；化為彈，而圓滿自足於彈；化為輪、馬，而圓滿自足於輪、馬。隨物而化，物我一體，當下即是美感的世界，藝術的人生。

（五）放達與認真

人的心靈所以不能自由，往往是因為許多先天或後天的限制，層層束縛；人生所以有悲苦、煩惱，主要是因為人的私心太重，成見太深，所以造成心靈的蔽塞、人生的桎梏。莊子主張去成心，順應自然，然後才能超越有限的、相對的現實人生，而遨遊於絕對自由的、無限開展的理想人生。

自由是一種心境。人生的種種限制，使人常常感受到貧乏、恐懼與不安。人要如何才能免於貧乏？免於恐懼？免於不安？人在物質方面的努力，只能解決一部分的問題、一時的問題，人無法從物質方面解決所有的人生問題；人只有從精神上完全的自由解放，才能把人從壓迫的狀態中解脫出來。

莊子性好自由，不喜歡受拘束。莊子的家境並不富裕，生活十分貧苦，它只做過漆園令的小官，不像老子曾為周守藏室之史，身分十分尊貴。莊子家貧，往貸粟於監河侯，受到監河侯的奚落。〈外物〉說：「莊周家貧，故往貸粟於監河侯。監河侯曰：「諾。我將得邑金，將貸子三百金，可乎？」莊周忿然作色曰：「周昨來，有中道而呼者，周顧視車轍，中有鮒魚焉。周問之曰：『鮒魚來，子何為者耶？』對曰：『我，東海之波臣也。君豈有斗升之水而活我哉！』周曰：『諾，我且南游吳越之王，激西江之水而迎子，可乎？』鮒魚忿然作色曰：『吾失我常與，我無所處。我得斗升之水然活耳。君乃言此，曾不如早索我於枯魚之肆。』」莊子是個很有骨氣的人，人窮而志不窮，而且能夠不為有國者所羈。《史記‧老莊申韓列傳》：「楚威王聞莊周賢，使使厚幣迎之，許以為相，莊周笑謂楚使曰：千金，重利；卿相，尊位也。子獨不見郊祀之犧牛乎？養食之歲數，衣以文繡，以入太廟。當是之時，雖欲為孤豚，豈可得乎？子亟去，無汙我。我寧遊戲汙瀆之中以自快，無為有過者所羈，終身不仕，以快吾志焉！」可見莊子並不是沒有機會作大官，而是因為他的放達個性，因此王公大人不能器之。

莊子的人生觀照，認為天地萬物的成毀、死生，都是氣的流衍、聚散；人的生死，也是如此。〈知北遊〉：「通天下一氣耳！」又：「人之生，氣之聚也。聚則為生，散則為死。」莊子能突破世俗對生死的看法，所以莊子妻死，莊子始哭而後歌。〈至樂〉：「莊子妻死，惠子弔之，莊子則方箕踞鼓盆而歌。惠子曰：「與人居，長子、老身，死，不哭亦足矣，又鼓盆而歌，不亦甚乎！」莊子曰：「不然。是其始死也，我獨何能無概然！察其始而本無生，非徒無生也，而本無形；非徒無形也，而本無氣。雜乎芒芴之間，變而有氣，氣變而有形，形變而有生，今又變而之死。是相與為春秋冬夏四時行也。人且偃然寢於巨室，而我噭噭然隨而哭之，自以為不通乎命，故止也。」

莊子對自己的生死，也是以平淡的心情看待。莊子將死，弟子要加以厚葬，莊子反對。〈列禦寇〉：「莊子將死，弟子欲厚葬之。莊子曰：吾以天地為棺槨，以日月為連璧，星辰為珠璣，萬物為齎送，吾葬具豈不備邪？何以加此！弟子曰：吾恐烏鳶之食夫子也。莊子曰：在上為烏鳶食，在下為螻蟻食，奪彼與此，何其偏也。」「在上為烏鳶食，在下為螻蟻食，奪彼與此，何其偏也。」莊子真是個非常豁達的人。〈寓言〉：「萬物皆種也，以不同形相禪，始卒若環，莫得其倫，是謂天均。」萬物周而復始，變化不已，人為萬物之一，亦應循理俱化，而常人卻悅生而惡死。〈齊物論〉：「一受其成形，不亡以待盡。與物相刃相靡，其行盡如馳，而莫之能止，不亦悲乎？終身役役而不見其成功，薾然疲役而不知其所歸，可不哀邪？人謂之不死，奚益？」生不必可喜，死未必可悲，莊子以麗姬嫁晉之事為喻，〈齊物論〉：「予惡乎知說生之非惑邪？予惡乎知惡死之非弱喪而不知其歸者邪？麗之姬，艾封人之子也。晉國之始得之也，涕泣沾襟；及其至於王所，與王同筐床，食芻豢，而後悔其泣也。予惡乎知夫死者，不悔其始之蘄生乎？」〈大宗師〉：「古之真人，不知說生，不知惡死；其出不訢，其入不距；翛然而往，翛然而來，而已矣！」

人生的痛苦，往往因為放不開，死生、禍福是人最看不破的。此外，人生的痛苦，也往往是因為強分彼此。其實，物的現象來看，當然是秋毫為小，泰山為大，殤子為夭，彭祖為壽，但是從物的本體來看，並沒有大小、壽夭的問題，我們常常惑於名而忘其實。因此，強分物我、彼此，這是多餘的、不對的。莊子鑑於人生的種種困惑，因此主張「一死生」、「齊萬物」、「混善惡」、「不譴是非」的齊物思想。

莊子對人生的觀照，非常通達，他認為宇宙的一切事物，都是相對的關係，有始必有終，有生必有死，這是自然的現象。人生也是如此，人的生死，就像白天與黑夜的變化一樣，也只是一種自然現象。〈大宗師〉：「死生，命也，其有夜旦之常，天也。人之有所不得與，皆物之情也。」人生一場春夢。〈齊物論〉：「夢飲酒者，旦而哭泣；夢哭泣者，旦而田獵。

方其夢也，不知其夢也。夢之中又占其夢焉，覺而後知其夢也。」又:「昔者莊周夢為蝴蝶，栩栩然蝴蝶也，自喻適志與，不知周也。俄而覺，則蘧蘧然周也。不知周之夢為蝴蝶與？蝴蝶之夢為周與？周與蝴蝶，則必有分矣。此之謂物化。」莊子就蝴蝶的夢覺，引發其物化的觀念。夢與人生，到底何者為夢？何者為人生？何者為真實？何者為虛幻？是莊子夢為蝴蝶？或是蝴蝶夢為莊子呢？實在很難定論。

莊子認為一個人被生下來以後，所謂富貴、貧賤、毀譽、賢不肖……，都是天命，甚至一切人為的事，莊子也認為是天意。〈德充符〉：「死生、存亡、窮達、貧富、賢與不肖、毀譽、飢渴、寒暑，是事之變、命之行也。日夜相代乎前，而知不能規乎其始者也。故不足以滑和，不可入於靈府。」〈養生主〉:「公文軒見右師，驚曰:是何人也？惡乎介也？天與，其人與？曰:天也，非人也。天之生是使獨也，人之貌有與也。是以知其天也，非人也。」右師被砍斷一條腿，這本是人為的事，而莊子認為冥冥之中，也是天意的安排，天與人分不清楚。

莊子主張順應自然，刻意的人為，不但於事無補，反而會弄巧成拙。〈應帝王〉：「南海之帝為儵，北海之帝為忽，中央之帝為渾沌。儵與忽時相與遇於渾沌之地，渾沌待之甚善。儵與忽謀報渾沌之德，曰：人皆有七竅，以視聽食息，此獨無有，嘗試鑿之。日鑿一竅，七日而渾沌死。」〈至樂〉:「昔者海鳥止於魯郊，魯侯御而觴之於廟，奏九韶以為樂，具太牢以為膳。鳥乃眩視憂悲，不敢食一臠，不敢飲一杯，三日而死。此以己養養鳥也，非以鳥養養鳥也。夫以鳥養養鳥者，宜棲之深林，遊之壇陸，浮之江湖，食之鰍鰷，隨行列而止，逶迤而處。彼唯人言之惡聞，奚以夫譊譊為乎！」莊子寧為孤犢，而不為犧牛；澤雉願十步一啄，百步一飲，而不蘄畜乎樊中，皆不欲以外物牽累其身，而喪其天真，害其本性。〈列禦寇〉：「或聘於莊子，莊子應其使曰：『子見夫犧牛乎？衣以文繡，食以芻叔。及其牽而入於大廟，雖欲為孤犢，其可得乎！』」〈養生主〉：「澤雉十步一啄，百步一飲，不蘄畜乎樊中。神雖王，不善也。」〈駢拇〉：「鳧脛雖短，續之則憂；鶴脛雖長，斷之則悲。故性長非所斷，性短非所續，無所去憂也。」人品萬殊，各有其性，如果拂逆其性，則將弄巧成拙，反成弊害，所以莊子主張任物自化。

五　結論

人生的壓力，不管來自職場或來自生活，主要都是因為心靈不得自由。現代人每天接受各種不同的誘惑，往往嗜欲太深，不能自拔，成了物質的奴隸，也是造成生活痛苦的來源之一。

我們常說:「給生命的缺口找出口。」誰的生命沒有缺口？每一個人最重要的是要能夠認識而且接受這真實而不完美的自己，然後用自己的因緣過生活。面對職場的壓力，首先我們能夠勇敢接受人生的無奈，其次，要能釐清生命的優先秩序。

苦樂只是一念之轉，作人求其心安而已，不要孤立自己，要建立良好的人際關係。學習欣賞別人，原諒別人，並且要隨時肯定自己、激勵自己。調整工作的心態，主動參與、積極付出、無私奉獻。另外我們要理解財富的真諦，健康是財富、學問是財富、才藝是財富、好友是財富、和諧的家庭是財富、良好的人際關係是財富、知足是財富。降低對生活條件的要求，放下身段、放下自大、放下自卑、放下自閉、放下自私、放下貪婪、放下怨恨、放下偏狹，享受優雅的休閒生活，自然能夠向沮喪說再見，能夠超越煩惱，趕走憂傷。

莊子的時代，雖然距今已有二千多年，但是他的人生智慧，對於現代人仍然有許多啟迪和導引的作用。莊子一生處於憂患之中，但是他沒有退避、墮落，他是以超然的態度，把痛苦的生命提升出來，凝鍊成不羈塵俗的睿智。雖然莊子的筆鋒常帶嘲諷，文詞又多詼諧，但是他的精神是莊嚴的，充滿悲憫的情懷，在揶揄聲中，隱含著許多無奈和落寞。今日我們研讀《莊子》，除了欣賞他那汪洋恣肆的文辭，是否也能想到展翅高飛的鵬鳥，在九萬里的上空，踽踽獨行的蒼茫呢？坐看雲起，我們都應該和莊子有約。

從莊子談職場快樂法則

一　前言

追求幸福快樂的人生，是每個人共同的願望，但是很多人卻活得很不快樂，這些不快樂的人，未必沒有健康的身體、曼妙的身材、富足的生活，而是他們不能接受自己的不夠完美。好，還要更好；多，還要更多。當欲望不能滿足的時候，也正是煩惱、痛苦開始的時候。快樂是捨得、施得的人，不是求得、貪得的人，我們對人、事、與物的要求愈少，才愈不會有無謂的煩惱與痛苦。

人生的痛苦，往往因為欲望太多，貪得無饜，不知節制，尤其是物欲的無盡追求，因此，心中諸多罣礙，心靈不得自由，心靈不得自由，便有許多煩惱與痛苦了，人生最重要的是要擁有一顆自由的心靈。

快樂之道，全靠自己去體認，只要能以超然的心態，通達自適，自能從悲苦的現實中，提拔出來。快樂只是內心的自足，是自我價值的肯定，而不是對外物的追求，功名富貴尤其不能給人帶來真正的快樂，陳立夫先生曾說：「無取於人斯富，無求於人斯貴，無損於人斯壽。」真是一句至理名言。我們一般人眼中的大富大貴，是指賺大錢、做大官的人，其實，真正的財富，並不只是看得見的錢財聲勢，而是內在生命的富足寬厚、愉悅舒坦。一個人能夠俯仰不怍，問心無愧，才是最富足、最尊貴的人，也會是最快樂的人。

如何才能樂在工作呢？首先要樂在心中，打從心裡體會快樂是人生第一要義，只有自己能快樂的人，才能使別人快樂，面對一張哭喪著的臉，別人是笑不出來的。人生雖然有很多煩苦的事，人生也有很多值得快慰的事。天下事一得一失，高山的背後，往往就是深谷。雖然未必苦樂參半，但是絕不是只有苦而已。快樂在哪裡？端看有沒有心去發覺而已。

人生有許多的束縛、限制，人的生死、得失、是非，善惡，都不容易看得透、跳得過。莊子告訴我們要突破世俗的看法，超越生死、得失、是非、善惡的相對觀念，去成心，順應自然，以「心齋」、「坐忘」的手段，離形去知，無名、無功、無己。一個人的修養，到了無我、忘我的地步，就能遊心於物之初，與道大通，當下得到主體的解放，而自由自在，逍遙自得。

二　快樂的本質

快樂是一種自由的心境，快樂的本質是滿足。

人的生活，包括物質生活與精神生活，人在物質上，吃到喜歡吃的東西、好吃的東西、難得吃到的東西，與好朋友相聚，想要買的東西，都有能力購買；想要出國旅遊，都能如願以償，……一切的一切，都能順心如意，心想事成，就是快樂。而在精神上，工作的成就感、家庭的和樂、親人的平安健康、夫婦感情和諧、子女乖巧活潑，也是快樂。

快樂來自一顆安定的心、富足的心、和諧的心。擁有財富，當然是很快樂的事，但是如果得到的財富是不義之財，心有不安，則是不會快樂的。反之，物質生活雖然不富足、不奢華，但心安理得，一樣怡然自得。所以，快樂之道，最重要的是不忮不求，不貪無得，富不驕，貧無諂。

做人最重要的就是心安二字。當年孔子弟子宰予說：「三年之喪太長，一年就夠的。」孔子問他：「你心安嗎？心安就去做。」子女三年才免於父母懷抱，父母之喪三年，就是要感念父母的撫育恩情，怎麼可以忍心守喪一年就夠了呢？

三　樂在工作的原理

這個世界不缺少美，只是缺少發現，這個世界也不缺少快樂，也只是缺少發現。夜深人靜的時候，一杯茶，一本書，逍遙自得，當下就是人生至境；我們實在不必為了買名牌衣飾，吃昂貴佳餚，住奢華豪宅，而疲於奔命，勞碌一生。

樂在工作，先要樂在心中，以工作為樂，而不是以工作為苦。如何才能以工作為樂？當然，先要肯定自己的工作，不只是為了支應生活的費用，而是為了興趣，為了能力的發揮和學習的成長，以及奉獻犧牲的意願。樂在工作，先要對工作有興趣，才能在工作中得到快樂。培養對工作的興趣，就是選擇所愛，在工作中得到快樂，就是愛所選擇。

其次，工作的環境和工作的伙伴，也是影響能否樂在工作的因素。優質的工作環境，置身其中，就有被尊重的感覺，被尊重是人類五大需求之一。良好的工作伙伴，互助互信，才能發揮團隊的力量。每個人出一分力，十人就有十分力。一人出一分力很容易，一人要出十分力則很難。新的企業觀點，不只要以客為尊，也要以員工為尊，因為不只顧客是老闆賺錢的命脈，員工也是老闆賺錢的命脈，所以，把同事視為家人，這是一股看不見的強大競爭力。

以企業而言，所謂管理，乃是運用組織、計畫、協調、指導、管制等基本行動，以期有效利用人員、物料、機器、方法、金錢、市場、士氣等基本因素，促進其相互密切配合，發揮最高效率，以達成機構之目標與任務。現代管理學之父彼得·杜拉克《巨變時代的管理》一書說：「管理，就是透過他人，把事情辦妥。」現代管理學的概念，強調以服務代替領導，以輔導代替訓導。一個企業的成敗，除了要有完善的制度，最重要的是對人的管理。和諧的人際關係，是企業成功的基礎，不管是小公司或是跨國大企業，如果人事不安定，經營一定會出問題。企業的成功，不只靠個人或少數人的聰明才智建立起來的，而是整體企業員工通力合作打造出來的。

老闆帶領幹部，主管帶領部屬，帶人要帶心，首先要員工樂在工作，樂在心中。有安定的員工，才有安定的企業。要員工工作安定，一定要先員工心情安定，樂在工作，樂在心中。自樂樂人，老闆自己很快樂，才能讓幹部很快樂；主管快樂，部屬才快樂；部屬快樂，工作才有績效，產品品質才能提升；業務人員有快樂的心情，才能熱心、誠心、用心、恆心、貼心、歡心，而讓客戶有信心。

如何讓同事隨時也能保持旺盛的企圖心呢？佛家說：「一切由心造。」態度決定高度，每個同事如果都能把自己的工作，不只看為一份職業，也是一份事業，更是一份志業，格局就放寬、放大了。

其次，要樂於服務，樂於付出，不貪不求，無怨無悔。從工作和服務中肯定自我存在價值，誠懇真摯，以歡喜心善待自己，寬待別人，助人為樂，無取無求。今天的社會所以會如此擾攘不安，主要是因為私心太重。很多人心中只有自己，沒有別人，只有個人，沒有群體，為了滿足一己的私心，往往不擇手段，傷害群體。志工、義工，並不必有太多的條件，只要有心、有力，我們隨時隨地都可以服務別人，服務大眾，對別人的多一分服務，就是給自己多一分福報。

生活是一種習慣，有好的習慣，不只自己從容自在，別人也樂於相處。一個充滿歡喜心的人，人緣一定很好，人脈就是錢脈，良好的人際關係，就是一個人最大的財富，而且滿心歡喜的人，一定是健康、幸福。

心中有愛，人生最美。愛是一份關懷，一份體貼，一份包容，一份接納。愛從尊重開始，愛是真誠的付出，愛是利他的具體表現，愛是人性的光輝。這個世界因為有愛而更為光輝亮麗，這個世界如果少了愛，也就少了色彩，少了光芒。

樂在工作，是樂在自己，但是如果工作的項目是業務的推廣而不是產品的生產，對象是人而不是物，則是與人為樂，助人為樂，以幫助別人的快樂，作為自己的快樂。那麼，便是要把對自己的小愛，擴大為對別人的大愛。

四　樂在工作的信念

（一）尊重是人生的第一課

眾生平等。有人出身豪門，天生富貴，有人家境貧寒，貧無立錐之地；有人天縱英才，出將入相，權傾一時，有人一介平民，胸無大志，平淡一生；有人天生麗質，面貌姣好，身材曼妙，有人相貌平庸，身體多病，愁苦過日。人生百態，林林總總，不勝描述。但是，老天是很公平的，老天不會把所有的好處都給一個人；同時，天下事一得一失，有錢有有錢的好處，有錢有有錢的壞處，沒錢有沒錢的壞處，沒錢也有沒錢的好處，其他諸如權力、美貌、健康……無不如此。

不是每個人都長得漂亮，可是每個人都可以活得漂亮。長得不漂亮不是自己的責任，活得不漂亮則是自己的責任，沒人可以被輕視、看不起，只有不長進、不願意努力活得漂亮的人，才會被輕視，被看不起。

人生有苦有樂，善待自己，才能善待別人，沒有一個自己不快樂而能使別人快樂的人；沒有一個委曲自己而不委曲別人的人。尊重就是看重，看重就不會看輕。除非自己看重自己，否則別人不會看重你；除非自己看輕自己，否則別人不會看輕你。能看重別人的人，一定也是看重自己的人。做人從看重自己、尊重別人開始，尊重是人生的第一堂課。

（二）誠懇是真情的流露

人貴真誠，真誠是人的本性。初生的嬰兒不識無私，柔弱沖和，純任自然；嬰兒純真無邪，討人喜愛，沒有一個人不喜歡嬰兒的。沒有一個人會捨得傷害嬰兒，捨得嬰兒受到傷害；能夠像嬰兒一樣純真自然的人，也一樣人見人愛，人人喜歡，人人捨不得傷害他，捨不得他被傷害。

做人貴在實在，有什麼說什麼，有什麼做什麼。我們中國人從小就教導要有禮貌，要講客氣，結果和別人交往，多不敢流露真感情，到朋友家裡作客，朋友正在吃飯，自己明明還沒有吃飯，卻騙說已經吃過了。西方人在這一方面就坦率真誠多了，喜歡就說喜歡，不喜歡就說不喜歡，不會掩飾欺騙。

待人處事，以誠懇為貴，誠懇才厚實，誠懇才實在，誠懇才不虛偽，誠懇才不造假。一個待人處世都很誠懇的人，一定是令人敬重的人，令人樂於親近、樂於交往的人；相反的，一個表面上很客氣，實際上卻是敷衍、欺騙、虛偽、造假，這樣的人，他的西洋鏡早晚會被識破，會被人敬而遠之，不敢、不屑與之親近。

誠懇是統攝眾德之源，誠是盡性的過程，誠是人性的真情流露，誠是至真、至善、至美。誠與真、善、美同義。誠是本性的自然，每個人天生的本性都是真誠、真實、不虛驕、不狂妄、不自大，人所以會虛驕自大、欺騙不實，都是長大以後，受到外界不良風氣的習染。孔子說：「性相近，習相遠。」就是這個意思。

今天的工商業社會，五光十色，目不暇給，各種的刺激誘惑，紛至沓來，難以拒絕。經不起誘惑的人，一定就會迷失本性，沉淪墮落，待人接物不能誠懇真實。君子有所為、有所不為，堅持對真理的執著，掌握大是大非的精神，自能撥雲見日，展現真誠實在的自然本性。

（三）同情是生命的昇華

人生難免有一些悲慘傷痛的事發生，我們都不希望這樣的事發生在我們身上，萬一發生在我們身上，除了自己默默承受，把悲痛化為力量，儘快走出沉重、灰暗的苦難陰霾，也期待有親朋好友的相助安慰。人同此心，當苦難悲痛的事發生在別人身上，別人也會渴望得到安慰、鼓勵。

我們當然不會幸災樂禍，喜歡看見別人發生不幸的事情。生活在痛苦深淵的人，就像在茫茫大海中孤獨無助，等待救援，不管事物質上的救援或是精神上的撫慰、打氣，都是求生者的救命繩索、救生圈。

許多熱心公益的人，多半也曾經發生過一些傷心的往事，也許他們自己很幸運地自己走出傷痛，也許他們也得力於別人的救助。在他們有了能力之後，他們便開始回饋社會，散播愛心。

受過苦難的人最能深切體會受難者的痛苦和需要，同情是生命的昇華，同情受難者的痛苦，同體同悲，竭盡力量，傾囊相授，是非常難能可貴。我們幫助別人，並不是祈求別人的回報，只是希望普天下的人，都能和樂安康，人生沒有苦難。

人生沒有這個苦，就有另一個苦。有些人能承擔自己的苦，有些人不能承擔他們的苦，或是太大的苦，不是一般人所能夠承擔。我們有緣共渡一條船，當然要同心協力、同舟共濟，發揮人飢己飢，人溺己溺的精神。愛心沒有國界，我們能幫助別人的人，表面是金錢、物質的損失，實質上是精神的無限收穫，沒有一個幫助別人的人，不是快樂的人，快樂是人生第一要義。

（四）關懷是人性的光輝

人是群居的動物，人在天地間，不是獨立存在的個體，人與人之間，是互相依存，互相信賴，互相提攜，互相關懷。在成長的路上，沒有一個人會是順順當當，無風無雨的，有的遭逢時代的變局，飽嚐戰爭的禍害；有的遭遇家庭的不幸，痛悲父母的喪亡；有的身罹殘疾，一生行動不變。……這些人間最為悲愴難忍的厄運，當然不會發生在每一個人的身上。不過，任何一個人在一生當中，總有一些不如意、不順當的事。當一個人有了問題，有了困難的時候，他最需要的，就是別人所伸出的友誼的手，充滿愛心與關懷，及時給予最適切的幫助，也許是物質上的支援，也許是精神上的慰藉。

人是很孤單的，即使是一個非常堅強的人，也有其柔弱的時候，沒有一個人可以自認為不必仰仗別人的幫忙、支持，而可以在工作上、生活上，都能勝任愉快。別人的掌聲，激發我們百尺竿頭，更進一步，追求更卓越的成績;別人的安慰，鼓勵我們從挫敗中，勇敢的站起來，重新再試一次。

關懷別人是種美德，一個對別人愈多關懷的人，愈能彰顯其高尚的品德。我們在社會上，一方面是消費者，一方面是生產者，沒有人窮得沒有能力幫助別人、照顧別人，一顆愛心，一雙關切的眼神，幾句安慰或鼓勵的話，就會掃盡別人心中的陰霾，重現美麗的願景，重燃人生的希望。一個樂於幫助別人的人，是智者、仁者與勇者。關懷是人性的光輝，是與生俱有的能力，我們除了關懷自己，也有能力關懷別人，只是很多人不自知而已。

（五）利他是生命的價值

利己是生命的基調，利他是生命的價值。每個人都有私心，這是很正常的，人不為己，天誅地滅。儒家思想所以能成為中華文化的主流，主要是儒家思想最合乎人性。愛人從自愛開始，沒有一個不愛自己的人，會去愛別人。墨子講兼愛，耶穌講博愛，都是理想，孟子主張「老吾老以及人之老，幼吾幼以及人之幼。」與孔子主張「己立立人，己達達人。」都是推己及人的功夫。愛從自己出發，好好愛自己，好好疼惜自己。

做人不能沒有自己，做人不能只有自己，當一個人心裡有別人存在的時候，表示一個人人格成熟的開始。小孩子心裡只有自己，沒有別人，他想吃的東西，不管別人吃了沒有，要不要吃；他想玩的玩具，不管父母有沒有錢買，如果不能順他的意，就哭、就鬧。長得愈大，愈能體會人生的不完美，愈能體諒別人，愈能自我克制。

每個人從出生到老死，都是直接或間接從別人得到好處，我們除了享受權利，也應該盡一些義務，我們的能力愈強，我們愈能幫助別人。一個人生命的價值，不在於得到多少，而在於付出多少。所謂生命的價值，就是我們的生命對別人有價值；當有人對你說：「有你真好。」你就是有價值的人。所以，做個有價值的人，就是做個有用的人。

古人有三不朽之說，「太上立德，其次立言，其次立功。」所謂不朽，簡單的說，就是活在別人的心裡。孔子、孟子至今還活在我們的心裡，孔子、孟子不朽矣。我們的親人、好友，心裡常常掛念著我們，我們也會常常掛念自己的親人、好友，這就是生命的價值。

（六）服務是力量的擴散

生命的真諦，一方面是要修養自己，一方面是要服務別人。修養自己的意義，是要不斷鞭策自己，惕勵自己，追求進步，追求卓越。一個人停止進步就逐漸老化；人的老化，不只是生理上的，心理上的老化，比生理上的老化更可怕，人生最可怕的就是缺少鬥志。

人的價值，要在人群中，才能獲得肯定，一個有愛心、有耐心，肯奉獻犧牲的人，才能獲得大家的尊敬與愛戴。一個只關心自己的人，誰會去關心他呢？一個愈能關心別人的人，才能得到大家的關心。儒家思想主張「己立立人，己達達人。」佛家大乘也要求大眾要普渡眾生，而不要只做自了漢。

人的存在，不只是一種權利，也是一種責任，人生以服務為目的；一個對別人服務愈多的人，他的能力愈強。人的能力是在不斷付出中，愈能開發、展現出來。媽媽燒菜，不只是為了自己享用，媽媽為了家人能享有熱騰騰的菜餚，不斷嘗試，所以人生的服務，是力量的擴大。我為人人，人人為我。今天的社會所以會如此擾攘不安，主要是因為私心太重。很多人心中只有自己，沒有別人，只有個人，沒有群體，為了滿足一己的私心，往往不擇手段，去傷害別人，傷害群體。志工、義工，並不必有太多的條件，只要有心、有力，我們隨時隨地都可以服務別人、服務大眾，對別人的多一分服務，就是給自己的多一分福報。

（七）慈悲是最大的福慧

慈是愛，悲是憫；愛是關懷，憫是同情。佛是心中的一盞燈，佛是生命的依靠。佛光山星雲大師曾經勉勵信眾要學習佛的五大精神，一是彌勒菩薩的大慈精神，二是觀音菩薩的大悲精神，三是地藏菩薩的大願精神，四是文殊菩薩的大智精神，五是普賢菩薩的大行精神。

彌勒菩薩是歡喜佛，大家一見到笑口常開的彌勒佛，就跟著開心起來，彌勒佛帶給眾生歡喜。觀音菩薩聞聲救苦，化身各種法相，拔除人間的痛苦。

修佛修道的人，不全是為了個人的福緣，更大的關懷是消弭眾生的煩惱，造設眾生的福慧。菩薩的兩大心願，一是增進人間的喜樂，一是拔除人間的痛苦。為了拔除人間的痛苦，學佛的人自己甘心替眾生承擔痛苦；為了增進人間的喜樂，學佛的人自己情願化為塵泥、灰土，為眾生引渡涅槃。

人生有順有逆、有得有失，有人生來享福，有人生來受罪，一個人一個命，誰也怨不了誰？重要的是如果能夠人人懷持慈悲的心，就是轉悲為喜，轉苦為樂，修得人生最大的福慧。

人生有悲有喜，悲多喜少，悲喜無常。如果說人生是個苦海，我們是來受苦的，也要因為我們所受的苦，而使別人不必再受同樣的苦。佛家講空觀、禪定，目的是要能放、能忘、放下人生的得失禍福，忘掉人生的悲喜無常。

（八）守柔是和順的要領

一種米養百種人，每個人的個性不同，有的人剛強，有的人柔弱。剛強的人如果是意志堅強，這是成功的基礎，剛強的人如果是固執己見，則是失敗的主因；柔弱的人如果是意志柔韌，便是不屈不撓的精神，如果是個性軟弱，則將百事無成。

我們常常因為心太剛強，所以跌得鼻青臉腫，心柔軟了，人就可愛了。人與人之間，每個人都有自己的個性、自己的思想、自己的主張，如果每個人都堅持自己的看法，互不相讓，則很難協調溝通。硬碰硬的結果，一定是玉石俱毀，彼此都受到傷害。

人生苦短，實在沒甚麼好計較的，要計較也永遠計較不完。鄭板橋寫了一手詩給他弟弟：「千里捎書只為牆，讓他三尺又何妨。萬里長城今猶在，不見當年秦始皇。」浪濤盡千古風流人物，人生如潮水，潮來潮往，數十寒暑而已，太剛烈的個性，不但別人受不了，自己也會很難過。

柔軟不是柔弱，柔軟是有更大的彈性，更多的包容。心有多寬，世界就有多寬。天下事得失互見，許多事情，就算爭贏了，未必是得，爭輸了也未必是輸。塞翁失馬的故事，告訴我們，得與失，原無一定。塞翁丟了母馬是失，母馬帶了一群公的野馬回來是得；塞翁的兒子訓練野馬，受傷成了殘廢，又是失；發生戰爭，身體健壯的都被徵召去當兵，當兵的都陣亡，塞翁的兒子因為殘廢，不用去打仗，所以活命，又是得。

中國古代的老子是很有智慧的人，他觀察宇宙的自然現象，發現天地萬物，一到強大盛壯的時候，便開始趨於衰敗，而逞強鬥狠的人，沒有一個有好下場。因此，老子以剛強為戒，主張守柔處下。老子是從自然界生、成、住、滅的現象，觀察體會而得，值得我們細細品味和深思。

（九）處下是為上的途徑

在各種人際關係中，有長幼尊卑的不同；在各個行政體制、企業公司行號，也有長官部屬的關係，有領導階層，有被領導階層。身為領導階層的人，他的能力和地位，當然應該被肯定、尊重，但是不能因為身居要津，高高在上，就驕矜自滿，恁意役使下屬。古代的帝王自稱孤、寡、不穀，因為他們知道貴以賤為根本，高以下為基礎。

天下的事情，有時表面看起來受損，其實是得益；而表面看起來是得益的，實際上卻是受損。水的特質，不只是柔弱，而且善於自處卑下。《老子》第六十六章：「江海所以能為百谷王者，以其善下之，故能為百谷王。」江海所以能夠成為百川之王，使天下的河流奔往匯歸，是因它善於自處低下的地位。

另外，水能滋養萬物，但是不和萬物相爭，蓄居於大家所厭惡的卑下之處。上善的人要像水一樣，才能幾近於道。

處下是為了為上。擔任主管的人，不必事必躬親，要能分層負責，分工合作。領導階層的人，應該注重策略的發展，計畫的擬定，是帶領公司、企業永續發展的火車頭，而不是大小事情都要參與負責。用人不疑，疑人不用，主管對於部屬，除了工作上的要求，產品的品質管理，在人際關係上，應該非常客氣、尊重。職位有高低，人格不以職位的高地分高低，長官對下屬的尊重，長官才能得到下屬的敬重。

態度決定高度。「謙受益，滿招損。」謙虛的人才能受尊敬，驕傲的人則令人厭惡。在上位的人以處下的心來對待部屬，一方面可以體察部屬的辛苦，一方面表示與部屬一視同仁，同體同悲，上下一心。那麼，任何的行政體制，企業公司行號，必然業務興旺，所有員工都工作愉快。

（十）圓融是智慧的通達

人生有智慧，生命就不會有無力感。俗語說：「做事難，做人更難。」其實，做人並不難，誠實為做人最佳的良策。做人最重要的是要真、要誠，所謂「做事實實在在，做人誠誠懇懇。」其次，做人要懂得圓融周到，不能有偏頗的思想。

天底下有陽光就有陰影，有白天就有夜晚，南半球白天，北半球就是夜晚；南半球是夜晚，北半球就是白天。我們看待任何一件事情，不能只見其一，不見其二，只見其利，不見其弊，要能面面俱到。

每個人都有私心，每個人都不能只有私心。很多人看待事情，都只從自己的角度，於是就有成見、主見、偏見。合於自己的意思，就認為是對，不合於自己的意思，就認為不對。其實所謂對與不對，並沒有一定，往往是相反相成。沒有左邊，哪裡是右邊？沒有前面，什麼地方是後面？角度不同，觀點不同。樂觀的人看到問題後面的機會，悲觀的人看到機會前面的問題。

圓融不是圓滑，圓融是指對事情通達的看法和做法；圓滑則是對人、對事的不負責任，虛迤委蛇，無可無不可，對人逢迎巴結，對事推拖拉拆。圓融是中道的精神，圓滑是鄉愿的表現。

圓融是智者的通達，智者知道人生是不圓滿的，所以他不會苛責自己，也不會苛責別人，能夠以一顆寬大的心，包容人生的殘缺。一個能夠接受人生不圓滿的人，才能開創圓滿的人生。圓融是對人對事通達的看法和做法，在做人處事各方面，都能夠考慮周詳，因人任事，不會求全責備。能夠欣賞別人的優點，也能接納別人的缺點。誰能只有優點而沒有缺點呢？

（十一）寬厚是仁者的度量

俗話說：「吃虧就是佔便宜。」為什麼吃虧就是佔便宜呢？一方面因為有能力吃虧的人，才會吃虧；二方面吃一次虧，學一次乖，這次吃大虧，下次便學得經驗，不會再吃虧，甚至是吃大虧，如此說來，雖然這次吃虧，不正因為免於下次的吃虧而佔了便宜嗎？在人與人的相處中，實在很難說誰佔誰的便宜，張三佔了李四便宜，可能李四佔了王五便宜，而王五卻佔了張三便宜。

人類是互助的社會，每一個人從出生到老死，都要借助於很多人的協助、照顧，每一個人不只是消費者，也應該是生產者，只是能力大的人奉獻多，能力小的人奉獻少而已。天不生無用知人，除了沒有能力照顧自己的病人之外，每個人都有能力照顧自己，也多少有能力去照顧別人。

人生是計較不完的，怎麼叫多？怎麼叫少？很難定論，有人一餐要吃三碗、五碗飯，有人一餐只吃半碗、一碗飯，每個人的需要不同，對於只吃半碗、一碗飯的人，兩碗飯都嫌太多，何況是三碗、五碗飯呢？愛因為分享而更多，把自己多出來的能力去照顧、關懷別人，是有福氣的人。

能幫助別人的人，表示自己是有能力的人，幫助別人愈多，表示自己能力愈強。人是付出愈多，能力愈強，就像風箱，壓力愈大，風力愈強。一個人能力的大小，是從付出多少，彰顯出來的。付出愈多的人，能力愈強，一點都捨不得付出的人，再多的能力，都沒有意義。

寬厚得福，不只因為為善最樂，而且因為人生的事情很難說，今天我們有能力幫助別人，哪天變得我們需要別人的幫助了。何況，人生的需要是多方面，我們在某一方面有能力幫助別人，更可能在別的方面需要別人的幫助。寬厚待人，就像在銀行存款，是零存而整付，因為平常待人寬厚，樂於助人，到了自己有困難的時候，必然也會有很多的援手。一個不願意付出的人，誰願意付出給他呢？一個愈多付出的人，一定有愈多的回報。所以，寬厚是仁者的度量。

（十二）行善是勇者的事業

勇者，擇善固執，堅持做對的事情，堅持把對的事情做更好。勇者，義無反顧，雖千萬人吾往矣，勇者的力量，不是來自血氣的勇猛，而是來自對道德的堅持。

從前，孟子見齊宣王，苦口婆心勸他行王道。齊宣王推托說：「寡人有疾，寡人好勇。」孟子回答說：「王請無好小勇。夫撫劍疾視，曰：彼惡敢當我哉！此匹夫之勇，敵一人者也。王請大之。」勇有大小之分，小勇只能敵一人，大勇則能安天下。小勇是逞強鬥狠，大勇是行善最樂，能夠「博施於民，而能濟眾。」是「憂以天下，樂以天下。」以天下人的憂患為憂患，以天下人的快樂為快樂。

善就是義行，存好心、說好話、做好事、走好路，都是善。給人方便、給人歡喜、給人信心、給人力量，這是善行的最大效益。行善就能助人。助人的方法很多，佛家講佈施，有財佈施、德佈施、法佈施。宣道弘法是法佈施；助人財物是財佈施；助人為善是德佈施。不是每個人都有能力法佈施、財佈施，但是人人都能夠德佈施。

什麼是德佈施？簡單的說，就是散播愛心，推廣愛行。

一個令人喜歡的人，往往不是因為他長相姣好，而是因為他充滿愛心。愛是一份關懷，一份體貼，一份包容，一份接納，因為有愛，世界才不再黑暗，而遍地光明。

平日對別人多說鼓勵的話、讚美的話、肯定的話、安慰的話、關心的話、包容的話、商量的話，這是善言，善言也是積德，善言也是勇者的表現。勇者的特質，就是具有道德的信心和力量，只要對別人有好處的事，他都勇往直前，當仁不讓。

勇者，見義勇為；勇者，為善最樂。勇者為了助人，可以犧牲自己，無怨無悔，一生以行善為志業。

（十三）溝通是一門藝術

俗話說：「做事難，做人更難。」做人的難處，在於如何和別人有良好的溝通。一種米養百種人，每一個人對事情的想法和做法，都不一樣，不同的生活習慣、不同的宗教信仰、不同的政治立場，難免會有一些對立的觀點，扞格難入。有一對夫妻，先生是藍營，太太是綠營，二○○八年三月選總統當天，各自投票給自己政黨的候選人，互不妥協。到了晚上，太太還在生氣先生不支持她的政黨候選人，以致輸得很慘，先生想和她親熱，當然悍然拒絕，先生說：「太太，政治歸政治，體育歸體育吧！」人生如果多一點幽默，就少一點爭執、少一些衝突，而更為祥和太平了。

成功的溝通，是以和平的對話，代替激烈的抗辯。一般人說不過別人，就生氣起來，講話的聲音就愈來愈快速，愈來與高亢，終至動怒發脾氣。幸福的家庭來自和諧的對話，一切的人際關係都是如此。雖然真理愈辯愈明，可是要理直氣婉，不要理直氣壯，甚至是氣盛。吵架沒有贏家，即便贏了面子，也會輸了裡子。

一個善於溝通的人，永遠面帶微笑而語多讚美。以同情代替對立，以鼓勵代替批評，以讚美代替指責，能夠主動關心對方，尋找共同的話題，懂得運用幽默感，用風趣的話語化解緊張嚴肅的氛圍。

溝通是彼此意見的交流，不是互揭瘡疤，彼此攻訐。每一個人的個性和脾氣不同，有的人比較剛暴，有的人比較柔順，懂得謙讓的人，是有修養的人，也是有福氣的人。人生是計較不完的，我們不能只是爭一時，更是要爭千秋。要有圓滿的溝通，不能只是爭強好勝，要包容接納，求同存異，理性和平，誠意尊重，才能提出問題、討論問題、解決問題。

（十四）讚美是成功的推手

佛光山星雲大師鼓勵信眾：「心存好心，口說好話，手做好事，腳走好路。」什麼是好話呢？所謂好話，是指對別人有幫助的話，譬如能提供資訊、增加知識、增長智慧、促進快樂、鼓勵勇氣、安慰傷痛……的話。在每一個人的生命中，都不能缺少愛的鼓勵，成功時需要祝賀的掌聲，失敗時更需要安慰和祝福，長官、父母、長輩、老師，要常常鼓勵部屬、子女、晚輩、學生，協助他們成長、發展，同儕之間、夫婦之間，也需要互相打氣、互相提攜、互相鼓勵、互相安慰。

讚美表示一種肯定，一種尊重。懂得讚美別人的人，是有文化修養的人，是有豐富愛心的人，是性情善良的人，是胸懷寬厚的人。讚美是發自內心最真實的肯定、欣賞、敬佩、祝賀，而不是阿諛奉承、巴結諂媚，兩者的差別，一是看其用心，一是看其遣詞，前者是真心誠意，後者是虛情假意；前者選詞貼切，平實客觀，後者誇張虛浮，言過其實。

懂得讚美的人，不會嫉妒別人的成功，更不會惡意攻訐，批評別人，他們是衷心的祝賀，並樂於分享別人的成功的喜悅，不會吝惜說出祝福道賀的話，也能以別人的成功，來勉勵自己更為努力，希望有朝一日也能齊頭並進，品嚐成功的滋味。讚美的話，對別人有益，對自己也有益。

懂得讚美別人的人，是有智慧的人。說讚美的話，花費最少，而回報最多，利人又利己。我們不會因為讚美別人而損失自己，我們會因為讚美別人而贏得別人的讚美、感謝。別人會讚美我們高雅的氣度，別人也會感謝我們的讚美，因為我們的讚美，使他們更能肯定自己，對自己更有信心，更會自我期許、自我鞭策，再接再厲，邁向新的高峰。

能讚美別人的人，也是有自信的人；在讚美別人的同時，並不會就否定自己的能力。讚美與奉承不同，後者因為對自己沒有信心，只能藉由對別人說好聽的話、說別人愛聽的話，來得到別人不管在物質上或精神上的一點點施捨。另外，惡意批評別人的人，也往往是對自己信心不足的人，不能接受別人比自己傑出、比自己有卓越的表現。懂得讚美的人，是有自信的人，自信為成功的基礎。

（十五）微笑是最好的佈施

佛家講佈施，有法佈施、德佈施、財佈施。以財物救濟別人，叫財佈施；弘揚佛法，叫法佈施；以德感人，叫德佈施。一個人德性的修養是多方面的，人生就是道場，生活就是修行。

有些人誤以為財佈施，才是佈施，其實，口說好話也是佈施，面帶微笑也是佈施。面帶微笑的人，給人親切、友善、仁慈、開朗、自信的感覺。人不是獨立存在的個體，人是合群的團體，人生的價值，只有在群體社會中才產生意義，因為生命不只是存在而已，生命追求的是價值，生命的價值，來自別人的肯定和自我肯定。

一個面帶微笑的人，一定是充滿自信的人，做人誠懇，做事穩健，面對這樣的人，必然很有信心、很有安全感，也會因為對方的自信而有自信。

一個面帶微笑的人，一定是個性開朗的人，知道人生是充滿酸甜苦辣，有喜劇，也有悲劇，得意時學會謙卑，失意是學會沈潛，不以物喜，不以己悲，通達自適，無入不自得。跟快樂的人在一起，就跟著快樂起來。

一個面帶微笑的人，一定是慈悲為懷的人，慈是愛，悲是憫，愛是關心，憫是同情。與有慈悲的人在一起，有如處在一場溫柔的聚會，人心充滿喜悅甜美。如果面對的是憤怒怨懟，則如一次剛暴的鬥爭。

一個面帶微笑的人，一定是心地友善的人，樂善好施，同體共悲。心地善良的人，誠於中，形於外，會發出和諧安祥的光輝。因為實在，所以自在；因為心安理得，所以怡然自得。這種人只會助人，而不會害人。

一個面帶微笑的人，一定是非常親切的人，主動積極，樂觀負責。先伸出友誼的手，才能接住友誼的手。面帶微笑的人，給人信心，給人力量，讓人樂於接近，不生畏懼疑慮，很有安全感。

五　樂在工作的方法

（一）選擇所愛，愛所選擇

工作是為了生活，很多人為了生活，而疲於工作，由於工作過於疲累，根本無法享受生活的快樂，日復一日，不只生活煩苦無趣，也直接影響工作的品質與效率。

樂在工作，先要樂在心中，以工作為樂，而不是以工作為苦。如何才能以工作為樂？當然，先要肯定自己的工作，不只是為了支應生活的費用，而是為了興趣，為了能力的發揮和學習的成長，以及奉獻犧牲的意願。樂在工作，先要對工作有興趣，才能在工作中得到快樂。培養對工作的興趣，就是選擇所愛，在工作中得到快樂，就是愛所選擇。

「男怕選錯行，女怕嫁錯郎。」其實，任何人對工作的選擇，都要謹慎小心，量力而為。待遇不是選擇工作的唯一指標，如果工作不愉快，不能勝任，再好的待遇，也做不久，做不好。

（二）主動、積極、樂觀、負責

態度決定高度。一個人成就的大小，不在於先天是否具備優渥的條件，而在於內在心靈的企圖心。一個想成功的人才會成功，一個怕失敗的人就會失敗。觀念改變，態度就會改變；態度改變，行為就會改變；行為改變，習慣就改變；習慣改變，性格就改變；性格改變，人生就改變。一個人快樂、不快樂，取決於自己的態度，是樂觀的呢？或是悲觀的呢？非洲人不穿鞋子，樂觀的人說非洲有很大的賣鞋子的市場；悲觀的人說非洲一點也沒有賣鞋子的市場。一個樂觀進取的人，多半比悲觀消極的人，有更多成功的機會。

另外，一個人的工作態度，是否是主動的，或是被動的，也影響其快樂的因素。打從心裡喜歡工作，才能工作中得到快樂，心不甘，情不願，被迫去工作，是不會從工作中得到快樂的。積極與負責的態度，更是樂在工作的重要方法。

（三）研究發展，把危機變轉機

在職場上，要勇於接受挑戰，勇於學習新知識、新技能，不辭辛苦，勇往直前，才能從工作中產生濃厚的興趣。科技的發展，日以千里，職場的版圖，不斷在變化，只有具備多元能力，跨界能力，以及不可被取代能力的人，才能在職場上勝出，而立於不敗之地。

面對任何工作上的危機，也要能沈著應付，不慌不亂，冷靜思維危機產生的原因，以及應對的策略，千萬不可慌了手腳，增加煩惱與痛苦，而無法從工作中得到快樂。

（四）職業、事業、志業

職業只是為了混口飯吃，事業是生命的發展，志業是理想的發揮，能夠把工作不只看成是一份職業，或是事業，而是志業，才能樂在其中，才能接受職業上的任何考驗、挑戰、困難與挫折，而能不氣餒，不灰心，勇往直前，義無反顧，對自己從事的工作，產生濃厚的興趣，願意犧牲、奉獻，樂於服務、付出。

六　莊子自由思想與職場快樂法則

（一）快樂是自由的心靈

人的存在，有種種限制，人是被放置在經常充滿貧乏、恐懼、不安的環境之中，人要如何才能免於貧乏？免於恐懼？免於不安？人在物質方面的努力，只能解決一部分的問題，只能解決依時間的問題，人無法從物質方面，解決所有的人生問題。人除非從精神上得到完全的自由解放，否則對於生命的種種困惑、煩惱，沒有辦法從根本上得到解決，只有把人從被壓迫的狀態中解脫出來，恢復人類求生存、求創造的生命力，重獲個體心靈的自由，才能徹底解決人生的所有問題，這種使個體生命得以完全自由解放的歷程，就是莊子修道、體道的功夫。

莊子所敘述的逍遙世界，是個無拘無束、無限開展的自然世界，如〈逍遙遊〉的「無何有之　」、「廣莫之野」，〈齊物論〉的「塵垢之外」，〈應帝王〉的「壙埌之野」，〈在宥〉的「無窮之門」、「無極之野」，〈天運〉的「逍遙之墟」，〈達生〉的「無端之紀」，〈山木〉的「無人之野」、「大莫之國」……，都是具有廣大無間、無限開擴的象徵意義。

莊子所最關懷的是生命的本體，雖然莊子的筆調是詼諧的，語中常帶嘲諷譏刺，而且設詞立論多屬「謬悠之說」、「荒唐之言」、「無端崖之辭」，但是他的精神是嚴肅的，他的內心充滿悲憫的情懷，他不只是追求個人的逍遙自得，他更為廣大的痛苦人生，指點生命的迷津，在他的揶揄聲中，也隱含著深遠的寓意，對執迷的人心，實有啟發、警惕、鼓舞的作用。《莊子》一書，藉著許多生動的寓言，說明一個人應該如何努力，才能解脫人生的種種煩惱與痛苦，而徜徉於自得自在、自由無限的人生至境，如〈逍遙遊〉，惠子拙於用大，所以有大瓠而無用，有大樹而無用，莊子認為，大瓠可以「慮以為大樽而浮乎江湖」，大樹可以「樹之於無何有之鄉，廣莫之野」，「彷徨乎無為其側，逍遙乎寢臥其下，不夭斤斧，物無害者，無所可用，安所困苦哉？」一般人往往囿於有形的、看得見的東西，以為看得見的東西才存在，以為世俗認為有用的東西，才是有用的東西。其實，很多存在的東西，是我們看不見的，很多世俗認為有用的東西，並不是真正有用，而很多真正有用的東西，世俗的眼光，卻認為沒有用。所謂有用、無用，實在沒有定論，得其當則有用，不得其當則無用。不是大就是有用，或是大就是無用，當然也不是小就是有用，或是小就是無用。因此，同樣是不龜手之藥，有人只能世世為洴澼絖，有人則可以裂地而封臣。美是給心靈保留一片自由的空間，懂得無用之用是為大用，才能真正享受人生的大美。我們一般人執著於有無之間，所以會放不開而罣礙難行，受到情牽和物累，動輒得咎，痛苦不堪，如果能夠放開一切，消解所有的情牽和物累，那麼，就能無罣無礙，徜徉於自由無限的逍遙世界。

夢是一種自由的活動，夢是一種精神的解脫，在現實生活中，不敢做的事，不敢說的話，不可能實現的理想，在夢境裡往往一一呈現，彌補人類在現實生活中受到的壓抑和限制。〈齊物論篇〉中，莊子夢為蝴蝶，「栩栩然蝴蝶也，自喻適志也」，蝴蝶的飛翔，是自由自在，不受任何拘束，不像人在現實的人生中，有許多羈絆、瓜葛，莊子雖然個性豪放曠達，但是生活貧困，未必能夠事事順心稱意，所以在夢境裡，依然要以栩栩然自由飛舞的蝴蝶，來「自喻適志」，不過，莊子高明的地方，是他在覺醒之後，回想夢為蝴蝶的事，「蘧蘧然周也」，不知前此的蝴蝶是否莊周所夢，也不知今此的莊周是否蝴蝶所夢，莊周與蝴蝶，已經相合為一，人與物俱化，物我沒有隔離，沒有分別，這是美感的世界，也是自由的世界。

〈養生主〉中，庖丁為文惠君解牛的故事，是藉庖丁向文惠君說明他解牛的經驗，闡釋自由是對立的消解的道理，庖丁開始解牛的時候，「所見無非全牛者」，牛與庖丁是對立的兩個物，牛為牛，庖丁為庖丁，三年之後，「未嘗見全牛也」，則對立的局面已經消解；十九年後，庖丁完全獲得了自由，他在解牛的時候，完全得心應手，不必靠感官的作用，只要以神相合，就能夠順應自然的肌理，剖解牛體，依著牛體的天然組織結構，「被大郤，導大窾」；利用牛體原有的空隙之處，使刀任游走在骨節的空隙之中，很容易就完成支解牛體的工作。「技經肯綮之未嘗，而況大軱乎！」經絡相連著骨肉和筋骨槃結的地方，碰都不碰一下，何況大骨頭呢？

（二）快樂是超越實用功利的目的

道不離技，道是技的提升，達到了道的境界，就是一種自由的創作，超越了實用功利的目的，而能夠優游於自我的欣賞、自我享受的地步。「提刀而立，為之四顧，為之躊躇滿志，善刀而藏之。」形容庖丁完成解牛的工作之後，欣然自得的愉悅、滿足，非常的傳神。解牛對庖丁而言，不再是一種沈重的負擔，或是責任，相反的，竟是一種榮譽，和愉悅的經驗，這是生活的美，也是藝術的美，只有在超越了實用功利的目的之後，創造的自由才能夠完全呈顯出來。

人的心靈所以不能自由，往往是因為許多先天或後天的限制，層層束縛，人生所以有悲苦、煩惱，主要是因為人的私心太重，成見太深，以至造成心靈的蔽塞、人生的桎梏。莊子主張去成心，順應自然，然後才能超越有限的、相對的現實人生，而遨遊於絕對自由的、無限開展的理想人生。〈人間世〉的「心齋」和〈大宗師〉的「坐忘」，是達到心靈自由的人生的兩大修養。

「齋」是物忌，像飲酒茹葷，是祭祀時的物忌。「心齋」是心裡的物忌，物欲足以迷心，能去物欲，始為心齋。心有知的作用，人有了心知的活動，就有是非之爭、善惡之辨、得失禍福的取捨，而執著於好惡的癡迷，自困且自苦。莊子認為，保持心靈的清明，無偏無私，才不會迷失方向，誤入歧途，而更為重要的，是要能夠解開名韁利鎖，超越死生是非的蔽障，使精神得以完全自由解脫。「無聽之以耳，而聽之以心，無聽之以心，而聽之以氣。」耳是聽覺的媒介，心有綜合、分析、判斷的作用，現在都摒棄不用，全任自然，氣，是空虛心境的形容。「唯道集虛」，謂大道存在虛空的境界，只有虛空的心境，才能實現對道的體認。所謂離形去知，就是「墮枝體，黜聰明」，忘掉自己形體的存在，不要自恃自己的聰明，任真自然，忘記對形體的執著，捐棄官能的妄作，結果就是與道大通。

莊子在「心齋」的觀念裡，主張「虛而待物」，虛就是空，心靈虛空，才能燭照萬境、包羅萬境，不會被各種紛陳的幻象所困惑，本心呈現一片清明開朗的境界。〈大宗師〉中，女偊自述得道的歷程，先是「外天下」，其次「外物」，再其次「外生」，脫去不明不白的生命困擾，然後才能游心於物之初；顏回也是由「忘仁義」而後「忘禮樂」，最後達到「坐忘」的境界。一個人連自己都忘了，

還有什麼不能忘的，一個人連死生都看破了，還有什麼看不破的。

在〈人間世〉、〈德充符〉中，有幾位形體怪異的人，莊子善用他的誇張筆法，寥寥數語，就把一個個身體殘缺的人的特徵，非常生動的刻劃出來，這些莊子筆下的人物，有一個共同的特色，本身身體殘缺、醜惡，但是心裡不覺得有殘缺、醜惡，他們不因為自己身體有缺陷，就自覺形穢，不願與別人交往，他們反而是主動地和別人交友，贏得許多的友誼和尊敬，他們沒有健全的形體，但是有健全的心理，和他們一起交往，不是他們覺得慚愧，而是別人覺得慚愧，甚至於「大夫與之處者，思而不能去也。婦人見之，請於父母曰：與人為妻，寧為夫子妾者，十數而未止也。」因為這些人遊

於形骸之外，而不是遊於形骸之內，以全德為主，所謂「德有所長而形有所忘。」人能忘其所忘，才能不忘其所不忘，人能丟開一切，才能得到一切，美就是自由的心志。

自由的活動，是不帶任何功利的、實用的目的。有了功利的、實用的目的，就有了得失的心理、善惡的分辨，人的心志雜多而繁亂，便不能自在自得。所謂自由，是順其自然，無為而無不為，人往往以自己的好惡而去推及別人的好惡，以為自己所喜歡的，別人一定也喜歡，自己所厭惡的，別人一定也厭惡，結果是愛之適以害之。〈應帝王〉：「南海之帝為儵，北海之帝為忽，中央之帝為渾沌。儵與忽時相與遇於渾沌之地，渾沌待之甚善。儵與忽謀報渾沌之德，曰：人皆有七竅以視聽食息，此獨無有，嘗試鑿之。日鑿一竅，七日而渾沌死。」渾沌本來沒有七竅，儵與忽多事，為了謀報渾沌之德，而日鑿一竅，結果使渾沌死於非命。另外，〈至樂〉：「昔者海鳥止於魯郊，魯侯御而觴之於廟，奏九韶以為樂，具太牢以為膳。鳥乃眩視憂悲，不敢食一臠，不敢飲一杯，三日而死。」魯侯以養自己的方法養鳥，而不是以養鳥的方法養鳥，所以使鳥憂悲而死。以上二個寓言，是在說明人常常自以為聰明，其實並不聰明。天地萬物各有其形，各有其性，不可強同，所以先聖「不一其能，不同其事。」

（三）快樂是順應天理

聖人法天而行，以自然為師。上天無為才能清澈，大地無為才能寧靜；天地無為而自然化合，萬物都得到生成養育，所以，什麼是至樂？「至樂無樂」，什麼是至譽？「至譽無譽」。我們所看得見的都是有限的，我們所擁有的都是有限的。我們所能得到的快樂是有限的，所以最大的快樂，是沒有快樂的快樂；我們所能得到的名譽是有限的，所以最大的名譽，是沒有名譽的名譽，超越突破了有限的、相對的快樂和名譽，才能獲得無限的、絕對的快樂和名譽。

莊子強調順應自然，順應自然才能自由。〈達生〉有幾個有趣的故事，都是莊子說明與自然化合的道理。如「痀僂者承蜩」，曲背老人捕蟬的方法，「吾處身也，若厥株拘；吾執臂也，若槁木之枝；雖天地之大，萬物之多，而唯蜩翼之知。吾不反不側，不以萬物易蜩之翼，何為而不得。」他把身體像樹木一樣的站在那裡，手臂像枯枝一樣的不動，即使天地那麼大，萬物那麼多，但是他只一心一意的專注在蟬翼上面，所以能夠手到擒來，無往不利。

「津人操舟若神」，「善游者數能，忘水也。若乃夫沒人之未嘗見舟而便操之也，彼視淵若陵，視舟之覆猶其車卻也。覆卻萬方陳乎前而不得入其舍，惡往而不暇。」會游水的，幾次學了就會，因為他忘記水會淹死人；潛水的人沒有見過船就會輕巧的操作，因為他看待深淵像似丘陵，看待翻船就像倒車，任何的危險，他一點都不放在心上。所以任何的處境，他都能從容優閒。「以瓦注者巧，以鉤注者憚，以黃金注者殙。」用便宜的瓦器做賭注，心裡沒有負擔，射箭的技術就能很巧妙；用比較貴重的帶鉤做賭注，心裡有了負擔，便心生恐懼；用更貴重的黃金做賭注，心裡就更昏亂了。

「呂梁丈夫蹈水」，「吾始乎故，長乎性，成乎命。與齊俱入，與汨偕出，從水之道而不為私焉。」呂梁丈夫蹈水的經驗，是要能夠順著水性，遇到迴旋的水就一起沈下去，遇到波浪就一起浮起來，或沈或浮，都是隨著水性，而不任由自己。生活在水裡就像生活在陸地一樣的自然。

「梓慶削木為鐻」，梓慶告訴魯侯，他所以能夠有完美的作品，是因為他在作鐻之前，一定要「齋以靜心」，「齋三日，而不敢懷慶賞爵祿；齋五日，不敢懷非譽巧拙；齋七日，輒然忘吾有四枝形體也。」這時候，他已經渾然忘記自己的形體的存在，忘記一切的得失利害的觀念。所以在山林中，所見到的木質，都是最適合作鐻的木質，取來加工，所作的鐻也就巧奪天工，驚猶鬼神了。他能「以天合天」，心中只有鐻，眼中也只有鐻，手中所作也只有鐻，人與物完全交融為一。

工倕是堯時的巧匠，作規矩之法，相傳他用手旋轉，而技巧超過用規矩的，手指和所用工具化合為一，不必用心再去衡量，他畫方圓的技巧，已經到了出神入化的地步。何以能夠如此呢？因為「其靈臺一而不桎。」內心專一，而不受拘束。莊子說：「忘足，屨之適也；忘要，帶之適也；知忘是非，心之適也；不內變，不外從，事會之適也。始乎適而未嘗不適者，忘適之適也。」忘記了足，鞋子就舒適了，忘記了腰，帶子就舒適了，忘記了是非，心情就舒適了；不內變於心，不外從於物，所在之處就都舒適了。本性閒適而無所不閒適的人，是忘記閒適的閒適。自由是一種解放，忘記了形體，就沒有形體的痛苦，忘記了心知，就沒有心知的困惑，沒有形體的痛苦，也沒有心知的困惑，那就是人生的至樂。

（四）快樂是學習放下

人要如何才能夠達到人生的至樂呢？那就是要「壹其性，養其氣，合其德，以通乎物之所造。」換言之，就是「以天合天」，以自然合於自然，一切順應自然，而不造作，求其神全。酒醉的人墜車，雖疾不死，因為他「乘亦不知也，墜亦不知也，死生驚懼不入乎其胸中，是故遻物而不慴。」醉酒的人，得全於酒，得全於天，則萬物都不能給予傷害。「泉涸，魚相與處於陸，相呴以濕，相濡以沫，不如相忘於江湖。」魚相忘於水，人相忘於道術，藏舟於壑，藏山於澤，不如藏天下於天下。

莊子的意思，人的生死、得失、禍福，就像白天與晚上一樣，只是一種自然現象，得不必喜，失不必悲，能夠學習放下，不斤斤於生死、得失、禍福，兩忘而化其道，才能夠將一切慾望、成見清除乾淨，而呈現心靈的大清明，而達到圓滿自足，無忮無求的人生至境。

〈大宗師〉記載女偊得道的過程：「參日而後能外天下；已外天下矣，吾又守之，七日而後能外物；已外物矣，吾又守之，九日而後能外生；已外生矣，而後能朝徹；朝徹，而後能見獨；見獨，而後能無古今；無古今，而後能入於不死不生。」莊子以外天下、外物、外生之後的歷程，稱為「朝徹」，朝徹是早晨初升的太陽，象徵心靈的清明。「外天下」，是指將自身以外各種紛雜的現象一概忘記；「外物」，是指把自身的各種慾念一概忘記；「外生」，是把人的生命存在一概忘記。天下、萬物、個人的生死，全都忘得乾乾淨淨，才能使本心的清明完全開朗起來，且完全獲得解脫、開放、無限的自由，而到達無死無生、與道冥合的世界。

（五）快樂是純任自然

自由就是順應自然，順應自然，才有自由可言，所以，「駢於拇者，決之則泣；枝於手者，齕之則啼。」「鳧脛雖短，續之則憂；鶴脛雖長，斷之則悲。」或有餘於數，或不足於數，或嫌太短，或嫌太長，但都不宜以俗人的眼光，任意作為；能順萬物之情，才能不傷生損性，各得其生命的自由。伯樂是世俗所謂善治馬的人，馬在他的手上，經過他「燒之、剔之、刻之、雒之、連之以羈馽，編之以皁棧」，「馬之死者十二三」矣，又經過他「饑之、渴之、馳之、驟之、整之、齊之，前有橛飾之患，而後有鞭筴之威」，「馬之死者已過半矣」。真實的人生，是自然的人生，「齕草飲水，翹足而陸」，這才是馬的真性。莊子的思想，主張順應自然，反對人為的仁義禮樂，莊子認為原始的社會，「彼民有常性，織而衣，耕而食，是謂同德；一而不黨，命曰天放。」這就是「至德之世」。莊子強調「至德之世」，「同與禽獸居，族與萬物並，惡乎知君子小人哉！同乎無知，其德不離；同乎無欲，是謂素樸；素樸而民性得矣！」人與禽獸同居，萬物滋生，不相侵害，其德不離，這是最自然的生活，也是最真實的生活，人民享有最自由的生活方式。等到聖人制禮作樂之後，為了鼓吹以人文化成天下，人給自己加上重重的束縛，而不能得到自由的生活。而且，禮義提倡愈多，盜賊愈多，《莊子・胠篋》譏刺說：「聖人不死，大盜不止。」因為「彼竊鉤者誅，竊國者為諸侯。諸侯之門而仁義存焉。」

《莊子・天地》：「黃帝遊於赤水之北，登乎崑崙之丘而南望，還歸，遺其玄珠。使知索之而不得，使離朱索之而不得，使喫詬索之而不得也。乃使象罔，象罔得之。」這個故事的寓意非常明顯，「知」、「離朱」、「喫詬」、「象罔」，都是有象徵意義。「知」代表智慧，「離朱」代表視力，「喫詬」代表言辯，「象罔」代表無心。玄珠比喻大道。黃帝遺失玄珠。知、離朱、喫詬都找不到，最後象罔才找到，象徵只有無心的人，才能真正得道。莊子是反對有成心、有機心的人，《莊子・天地》即借丈人之口，說：「有機械者，必有機事，有機事者必有機心。機心在於胸中，則純白不備；純白不備，則神生不定；神生不定者，道之所不載也。」我們生在科技發達的現代社會，日常生活的每一方面都和機械有關，我們當然不能回到小國寡民的時代，拒絕使用機械，但是一個人不能有機心是應該的，「其嗜欲深者，其天機淺。」

有機心的人，一定是嗜欲深的人，嗜欲深的人，慾望多，煩惱多，痛苦也多。一個人成了慾望的奴隸，不能自拔，他就沒有足夠的智慧與力量去開擴本然的心志，去享受生命的自由。所以莊子說：「至德之世，不尚賢，不使能；上如標枝，民如野鹿；端正而不知以為義，相愛而不知以為仁，實而不知以為忠，當而不知以為信，蠢動而相使，不以為賜。」

莊子主張無為，主張任事自然，就是為了追求自由的生活；人人都能得到自由的生活，這就是至德之世。《莊子・天道篇》說：「夫帝王之德，以天地為宗，以道德為主，以無為為常。無為也，則用天下而有餘，有為也，則為天下用而不足。故古之人貴夫無為也。」無為，並不是一無作為，而是無刻意作為。自然無為而無不為，所以莊子所謂的無為，與自然同義，能有為時有為，不能有為時不要有為，聽任自然，無刻意造作。

自然就是任真，何謂真？《莊子・漁父》說：「真者，所以受於天也，自然不可易也。」真就是自然的本性。莊子是個率真、任真的人，在《莊子》書中，「真」字一共出現六十多次，有時當名詞，有時當形容詞，有時當限制詞。當名詞時，多指事物的自然本性，如〈齊物論〉：「無益損乎其真」，〈天道〉：「極物之真」，〈秋水〉：「反其真」。當形容詞時，意指真實、不虛妄，如真人、真知、真性、真德等，〈大宗師〉：「有其人而後有真知」、〈應帝王〉：「其德甚真」。當限制詞時，多作確實的意思，如〈大宗師〉：「人真以為勤行者也」，〈讓王〉：「顏闔者，真惡富貴也。」

《莊子》書中，「真人」一詞，凡十六見。〈大宗師〉說：「古之真人，其寢不夢，其覺無憂，其食不甘，其息深深。真人之息以踵，眾人之息以喉。」又說「古之真人，不知說生，不知惡死；其出不訢，其入不拒，翛然而往，翛然而來已矣。」何謂「真人」？〈大宗師〉說「不以心捐道，不以人助天。」這兩句話言簡而意賅，成玄英疏：「捐，棄也。言上來智慧忘生，可謂不用取捨之心，捐棄虛通之道；亦不用人情分別，添助自然之分。能如是者，名曰真人也。」因此，所謂真人，是指能不妄以造作之心去損害自然之道的人，這種人凡事順應自然而行，守住真實的本性。一個能夠不假於物而順應自然的人，就是得道的人，就是自由的人。

（六）快樂是自由自在

自由才能得道，得道一定自由。莊子所描述的得道的人，除了真人之外，還包括天人、神人、至人、聖人。《莊子・天下》說：「不離於宗，謂之天下，不離於精，謂之神人。不離於真，謂之至人。以天為宗，以德為本，以道為門，兆於變化，謂之聖人。」莊子所謂天人、神人、至人、聖人，都是得道的人。道是自本自根，宇宙萬物的本源，得道的人，與萬化冥合，與道相通，道是無所不在，是自由與無限的存在，所以得道的人，也能夠因著道的自由而自由，因著道的無限而無限，莊子所描述的得道的人，都有一個共同的特徵，就是不將不迎，不死不生，無成無毀，無得無失。〈應帝王〉：「至人之用心若鏡，不將不迎，應而不藏，故能勝物而不傷。」所謂不傷，就是「不以好惡內傷其身，常因自然而不益生也。」

得道的人如何不生不死，既然是人，有生就有死，神人才不死，莊子所謂的不生不死，就是不以生死為生死，不貪生不畏死，超越一般人對生死的觀念，生既不足喜，死亦不足悲，則還有什麼看不破、想不開的事？還有什麼不樂觀、不開朗的事？〈養生主〉：「適來，夫子時也；適去，夫子順也。安時而處順，哀樂不能入也。」把生命的存在與消失，看成一種自然的現象，心境當然就豁達開闊了，心境豁達開闊，就無時不樂，無處不樂，無事不樂，這就是自由，〈列禦寇〉：「莊子將死，弟子欲厚葬之。莊子曰：吾以天地為棺槨，以日月為連璧，星辰為珠璣，萬物為齎送，吾葬具豈不備耶？何以加此？弟子曰：吾恐烏鳶之食夫子也。」莊子曰：「在上為烏鳶食，在下為螻蟻食，奪比與此，何其偏也？」人生到此豁達的心境，還有什麼好爭的呢？還有什麼放不下的呢？還有什麼不自由、不快樂的呢？

〈大宗師〉說：「殺生者不死，生生者不生，其為物，無不將也，無不迎也，無不毀也，無不成也。」天地萬物的成與毀、得與失，都只是一種短暫的、相對的現象，在莊子的觀念中，有成就有毀，有毀就有成；也得就有失，有失就有得，所以莊子主張任天安命，順其自然，而與天地精神相往來，「上與造物者遊，而下與生死遊、無終始者為友。」子輿生病，「曲僂發背，上有五管，頤隱於齊，肩高於頂，句贅指天，陰陽之氣有沴。」他的腰彎曲了，背骨露出來，上面有五臟的脈管突起，頭藏在肚臍那兒，兩個肩膀高出頭頂，髮髻直指著天空，陰陽二氣也錯亂。可是子輿一點不以為意，心情非常安閒自在，像沒有事一樣。他的朋友子祀去探病，他還說：「浸假而化予之左臂以為雞，予因以求時夜；浸假而化予之右臂以為彈，予因以求鴞炙；浸假而化予之尻以為輪，以神為馬，予因而乘之，豈更駕哉？」子輿說：如果上天把他的左臂變化為雞，他就用它去報曉；如果上天把它的右臂變化成彈弓，他就用它去打鴞鳥烤了吃；如果上天把它的腿變作車輪，打他的精神化作馬匹，他就乘坐這輛馬車，而不必另外去求馬車。像這樣通達的人，已經到了與時俱化、與物俱化的地步，當然是非常逍遙、非常快樂的了。

七　結論

〈逍遙遊〉是莊子的人生理想，也是莊子思想的最高境界，但是要達到這個最高境界，必先要有一番修養，才能超越世俗的情遷和物累，所以〈逍遙遊〉中，鵬鳥徙於南冥，要飛上九萬里的高空，而憑著六月海動的大風，不像蜩與學鳩，「決起而飛，槍榆枋而止，時則不至而控於地而已矣！」這一方面是鵬鳥的體積龐大，另一方面是鵬鳥從北冥徙於南冥，距離遙遠，所以動作要大，憑藉要多。「適莽倉者，三湌而反，腹猶果然；適百里者，宿舂糧；適千里者，三月聚糧。」所去的地方近，所準備的糧食少；所去的地方遠，所準備的糧食多。蜩與學鳩不能了解鵬鳥需要「摶扶搖而上者九萬里，去以六月息者也」的道理，這是小大之異。鵬鳥的體積龐大，動作壯觀；要有鵬鳥這麼龐大的體積，才會呈現這麼壯觀的動作。蜩與學鳩只是小蟲、小鳥，當然沒有辦法了解鵬鳥了。鵬鳥因為體積龐大，所以必須飛上九萬里的高空，才能遊衍自在，不受拘束。莊子一再重複「不知其幾千里也」，是有目的的，不如此不能形容鯤之大、鵬之大，而且多處使用誇張的筆法，如「其翼若垂天之雲」、「水擊三千里」、「摶扶搖而上者九萬里」、「去以六月息者」……，都在強調無限大的時空關係，且鋪張一個非常壯觀的場面，造成雄偉的氣象。

鵬鳥因為能飛上九萬里的高空，所以才徜徉自得，一個人也是要有很深的修養，才能達到很高的境界。人生所應有的修養是什麼？是莊子所謂的「至人無己，神人無功，聖人無名。」堯要讓位給許由，許由不要，這是「無名」的一證；藐姑射山的神人，不肯「弊弊焉以天下為事」，這是「無功」的一證；堯往見四子於藐姑射之山，「窅然喪天下也」，這是「無己」的一證。一個人能夠無名、無功，甚至無己，自在自得，當下得到解放，當然就是逍遙自由、快樂自在的境界了。

快樂是自找的。禍福自取，人生很多的煩憂，都是自找的，「煩惱是因為想不開，痛苦是因為不滿足。」每個人都想人生美滿，幸福快樂，卻往往捨近求遠，捨本逐末，甚至是緣木求魚。孔子說：「仁遠乎哉？我欲仁，斯仁至矣。」快樂近在咫尺，快樂不假外求。有一首佛家偈語：「到處尋春不見春，芒鞋踏遍嶺頭雲。歸來笑拈梅花嗅，春在枝頭已十分。」想得開，就快樂；想不開，就煩惱，如此而已。

快樂是一種心境，快樂也是一種勇於負責的態度。快樂的人不是沒有問題，而是不把問題當問題，冷靜客觀的去面對問題、解決問題。逃避問題，不能解決問題。我們不能閉著眼睛以為看不見，我們不能摀著耳朵以為聽不到。快樂是專心的、全力的去做一件事。美學有一個很重要的觀念，就是美感經驗。所謂美感經驗，就是指我們的心理活動，專注於所見的孤立、絕緣的意念，就像畫家眼中的古松，不在乎古松是什麼科的植物，它的特性如何？它值多少錢？它能作什麼用？美在剎那間，是畫家唯一內心的對象，只是聚精會神的觀賞古松的蒼翠、盤屈的線紋，以及昂然高舉，不受屈饒的氣概，甚至設身處地，把自己想像成那棵古松，高風亮節，傲笑群倫。

在職場上，快樂來自有意義的生活，尋找快樂的秘方，就是多和快樂的人在一起，多和有愛心的人在一起，因為熱情會讓生活加溫。

從莊子談職場成功法則

一 前言

莊子是道家思想的重要代表人物之一，道家思想以自然為宗。莊子的文章，迷離惝怳，富於奇趣，出入變化，難以捉摸，因為《莊子》一書，多是寓言。司馬遷〈老莊申韓列傳〉說：「其著書十餘萬言，大抵率寓言也。作漁父、盜跖、胠篋，以詆訾孔子之徒，以明老子之術。畏累虛、亢桑子之屬，皆空語無事實。然善屬書離辭，指事類情，用剽剝儒墨，雖當世宿學，不能自解免也。」《莊子‧寓言》也說：「寓言十九，重言十七，卮言日出。」〈天下〉又說：「以謬悠之說，荒唐之言，無端崖之辭，時恣縱而不儻，不以觭見之也。」

為甚麼《莊子》書中多寓言，因為莊子認為道是不可見，不可聞，不可說，〈知北遊〉：「道不可聞，聞而非也；道不可見，見而非也；道不可言，言而非也。」道是很抽象難明的東西，我們不能用理智的方法去詮釋、去理解，我們只能以主觀的感情去直覺、去體悟。另外，莊子認為天下沉迷混濁，不能用莊重的言論來談，所以用變化不定的言詞而推衍到無窮，以引述被尊重的人的話，令人覺得是事實，以寄託虛構的寓言，闡明自己的學說。《莊子．天下》中，莊子自述：「以天下為沉濁，不可與莊語，以卮言為曼衍，以重言為真，以寓言為廣。」

莊子所處的時代，根據司馬遷《史記．老莊申韓列傳》所載：「與梁惠王、齊宣王同時」，正與孟子所處的時代一樣，是飽經戰爭、離亂的苦難時代。由於封建制度的崩潰，諸侯之間，強凌弱，眾暴寡，爭地以戰，殺人盈野，爭城以戰，殺人盈城。同時，由於王綱廢弛，名教墜地，「臣弒其君者有之，子弒其父者有之。」（《孟子．滕文公》）而另一方面，社會組織與經濟制度，更因政治的影響，產生很大的變動，於是造成民生困頓，人命危賤的現象。莊子是宋國人，宋國在河南洛陽附近，是一個小國，又處在四戰之地，在齊、楚等列強諸侯的包挾之下，屢次成為戰亂的中心，最終仍逃離不了被瓜分的命運。

莊子置身在悲苦的現實世界，眼睜睜地看著充滿殺戮、飢餓、流亡的戰禍，以及諸侯之間的篡奪、凌虐、窮兵黷武，《莊子．人間世》，便借顏回之口，刻劃當時的禍亂：回聞衛君，其年壯，其行獨，輕用其國，而不見其過。輕用民死，死者以國量乎澤若蕉。民其無如矣。莊子所述，雖然指的是衛國的國君，其實，正是當時一般國君的寫照：「其行獨，輕用其國，而不見其過。」做事專橫獨斷，處理國事輕舉妄動，而見不到自己的過失。「輕用民死，死者以國量乎澤若蕉，民其無如矣。」國君罔視人民的生命，慘死的人民，滿溝遍野，像枯乾的草芥一樣，百姓簡直活不下去。

其實，每一個時代都是最好的時代，每一個時代也是最壞的時代，每個人活在這個世界上，不分古今中外，都有對自己生命的理解。有人志在高山，有人志在流水，怎麼樣才是圓滿的人生？怎麼樣才是成功的人生？每個人的版本不同。

所謂成功，是每個生命的自我完成，是每個人對自己的能力、努力的肯定。鐘鼎山林，各有天性，並不是賺大錢、做大官，才是人生的成功。在職場上，能得到長官、老闆的青睞，同事之間相處愉快，工作能發揮所長，並有升遷發展的機會，也能得到顧客的信賴、敬重，這就是職場的成功。

二　成功者的人格特質

王國維《人間詞話》：「古今之成大事業、大學問者，必經過三種之境界。昨夜西風凋碧樹，獨上高樓，望盡天涯路，此第一境也。衣帶漸寬終不悔，為伊消得人憔悴，此第二境也。眾裡尋他千百度，驀然回首，那人卻在燈火闌珊處。」職場上的成功，也是要經過「設計目標」、「努力執行」、「享受成果」三個階段。任何事業的追求，成也在人，敗也在人，成功者的人格特質，大體而言，可以歸納為以下各點：

（一）企圖心是成功的密碼

想成功的人，才能成功，不想成功的人，缺少成功的動力，怎麼能成功呢？

企圖決定版圖，格局影響結局。一個人的心有多寬，世界就有多寬。路是無限的寬廣，但是路是靠人走出來的，行者常至，為者常成。不怕路長，只怕腿短；不怕山高，只怕志氣不高，志氣要比山高。只要有心、用心，有力、盡力，天下無難事。

沒有天生的贏家，沒有人天生就是不凡。不凡的人是不斷與生命拔河的人，是希望向命運之神多要求一點的人。立志容易，立志難，很多人都希望擁有不平凡的人生，可是不是每個人都願意為此付出代價。天下沒有勞而不獲的事，想要有美麗的人生，除了有宏偉的抱負，堅苦卓絕的決心和毅力是不可缺的。

人生的可愛、可貴，是人生雖然充滿挑戰，隨時有失敗的可能，但是因為人的堅持，努力不懈，終於贏得勝利的成果。世事如棋局，勝負難料，不到最後，不知究竟。所以，除了要有強烈的企圖心，還要有堅定不移的信心和毅力。

人活著就是為了爭一口氣。我們不是輸不起，而是不服輸，儘管在上天面前，我們常常是輸家，但是人貴立志，我們要有不服輸的精神，而且要有強烈的企圖心，追求更和諧、更圓滿的人生。

（二）堅持是成功的不二法門

老天爺是公平的，天下沒有不勞而獲的事。不肯付出的人，一定沒有回報，即便有一時的僥倖，也不可能有永遠的幸運，只有勤於工作的人，才能享有富足的人生。羨慕別人有錢、有地位、有學問是沒有意義的，除非自己能以別人的成就為標竿，像別人一樣的奮力不懈，甚者，比別人更加倍的努力，否則，理想永遠只是幻想，美夢難以成真。

在努力的過程中，挫折、失敗的打擊是難免的。人生就像一場馬拉松賽跑，不是看誰第一個衝出去，是看誰第一個跑到終點。很多人不要輸在起跑點，我認為更重要的是要贏在終點。

做任何一件事，像一個工程，一個需要三年才能完成的工程，只是剛剛開工，或是已經進行了兩年、兩年半，一樣都還未能完成工程，五十步與一百步，相去不遠。任何事情，要麻不作，要做就要做成功，不要半途而廢。一口井不管已經挖了多深，在還沒挖到井水的時候，都仍然只是一口廢井。

拿破崙曾說：「勝利屬於最堅忍的人。」玩梭哈橋牌的人，誰先放棄，誰先失敗，不到最後一刻，難見高低。小的理想，小的挫折；大的願景，大的困難。沒有任何事情不會有煩惱的，法鼓山聖嚴法師說：「我們常說人生不如意事十常八九，那麼，遇到不如意的事，不正如我們所意嗎？」人生本來就會有問題，沒有這個問題，就會有別的問題，解決了這個問題，還會有別的問題發生。我們不怕有問題，怕沒有解決問題的能力，怕沒有堅定的信心和毅力，不能堅持理想，努力不懈，不達目的，絕不終止。

（三）勤奮是成功的動力

一勤天下無難事。古今中外所有成功者都有一個共同的人格特質，就是他們知道要做什麼，而且能夠全力以赴。這種全力以赴的精神，是一切事業成功的最重要的因素。

做事的態度，有人是有做就好，有人是要做就要做到最好。前者缺少負責盡責的態度。所以敷衍隨便，凡事不經心、不用心，這種人想要成功是很難的。至於抱持全力以赴，的態度，凡事沒有做好，絕不輕言放棄，凡事用心、盡心，這種人不想成功也很難。我有兩個堅持，一是堅持做對的事。一是堅持把對的事做更好，有這兩個堅持，就不會做不正當的事，而且做任何事，一定要盡心盡力，全力以赴。

老天對每個人都很公平，每個人一天只有二十四時，不多也不少。老天不會對有錢有勢、長得漂亮、才華出眾的人，存有私心，每天多給一點時間；也不會對貧窮、卑微、長相欠佳、智能不足的人，每天少給一點時間。所有成功的人，都是與時間競走的人，不能追著時間跑，就被時間追著跑。

有一位成功的企業家在他的傳記自述他的成功，他說：「我不是運氣好，而是比別人更努力。」「所謂工作天，對我來說，是從前一天晚上開始。前一天晚上，別人已經睡了，我還在工作；第二天早上，別人還在睡覺，我已經起來工作。」

因為付出愈多，所以成就愈大。

任何一個人的成功或失敗，都不會是偶然的。只有懂得珍惜時間，勤奮工作的人，才有機會成功。整天糊里糊塗過日子，不知道自己想做什麼？能做什麼？也不盡力的人，能有什麼成就呢？

（四）負責是勇者的表現

人是為責任而生，人是為理想而生。人活在世上，與其他動物不一樣的地方，是人的生活不只飲食男女而已，人生有很多的理想，而且人生也有很多的責任。生命的存在，不只為自己活著而已，個人對家庭、對社會，都有或多或少的責任。

父母有責任撫養照顧我們，我們也有責任孝敬父母，我們對下一代也有養育的責任。一個成年人，不只要對自己的生活負責，有了家庭之後，更要對家庭負責；公司、企業的老闆，有責任照顧員工，更要有責任承擔事業經營的成敗。

人生的責任，有些是看得見的，有些是看不見的，都要有勇氣承擔。人生的責任，有些只是個人的，有些則是群體的，全部都要概括承受。每個人的責任，大小、多寡不同，能力大者責任愈重。有人只要養活自己，有人還要養活家人，有人更要養活眾多員工的家人。

責任是跟著人一輩子的，個人的言行舉止，不做錯的事，不說錯的話，不要成為別人的負擔，這是個人生活上的責任。

一個事業有成的人，一個擔任管理階層的人，除了善盡個人生活上的責任，還要努力於工作上、事業上的責任，責任像厚重的包袱，丟不開的。

每個人的責任，有輕有重，每個人對自己的要求，也各有不同。有些人好勝心很強，勇於表現，有些人懶惰不長進，不肯付出。只有勇於承擔的人，才能得到真正的快樂。當然，責任太過沉重，超出自己的能力，不會是快樂的人，但是不肯擔負責任、逃避責任的人，也不會是快樂的人。

（五）自信是成功的基礎

思想產生信仰，信仰產生力量。「吾心信其可成，移山填海之難，亦成矣！吾心信其不可成，反掌折枝之易，難成矣！」心的作用是很大的。你認為會成功的事，往往就成功；你認為會失敗的事，往往就失敗。很多人沒有成功，不是沒有機會成功，也不是沒有能力成功，而是沒有信心，才沒有成功。所以，我們應該常常告訴自己：「Yes ！ I can do it ！」

佛家說：「一切由心造。」俗諺也說：「樹的方向，由風決定；人的方向，由自己決定。」沒有人能決定你的未來，只有自己能決定自己的未來。沒有人能扶起一個自己不想爬起來的人，也沒有人能阻止一個不斷力爭上游的人。錐在囊中，其尖立現。真是人才的人，永遠不會被埋沒，一顆真正的鑽石到那裡都會發光發亮。

任何事情的成敗，最大的關鍵，在於自信。自信不是一種假象，自信是以實力為後盾。有自信的人，才能有決心，才能在最正確的時間做最正確的判斷，而不會優柔寡斷，猶豫不決，喪失機會。機會不敲第二次門，只有自信的人，才能當機立斷，知所取捨。

自信為成功奠定基礎，自信為成功邁出第一步。一個人信不過自己，別人如何會相信他。一個有自信的人，不會做沒有準備的事；一個有自信的人，不會盲目的附和別人，人云亦云，而會有自己的主見，自己的判斷；一個有自信的人，不會急功近利，急於求成，凡事都能循序漸進，有條不紊，水到渠成。

（六）自律是成功的關鍵

成功是人人所期盼的，但不是每個人都很幸運能品嚐成功的甜蜜果實。每個人奮鬥的目標不同，達成目標的難易有別，不過，天下沒有不勞而獲的事，努力愈多，成就愈大。愈能要求自己的人，是愈能成功的人。

一分耕耘，一分收穫。古人說：「人一能之，己十之；人十能之，己百之。」勤能補拙，一勤天下無難事，能夠比別人付出愈多的人，就能獲得比別人更豐碩的成果。

自律是自我的要求。任何一個企業單位，有管理階層，有被管理階層，任何一個公司行號，有老闆，有伙計，角色不同，任務相同，都是希望整個企業，整個公司的業務，蒸蒸日上，不斷成長發展，永續經營。雖然每一個人的身分地位不同，人格的尊嚴，眾生平等，職務高的人並沒有特別尊貴，職務低的人也應該得到尊重。

我們對物的要求，當然應該嚴苛，貨物、機件的品管，最好是零缺點、零故障，但是，人不是物，不管是對長官或是部屬，都應該寬厚慈悲。我們常常要求別人太多，要求自己太少，嚴以待人，寬以待己。其實不管在工作職場或是一般待人接物，都應該是嚴以律己，寬以待人，以要求別人的心要求自己，以原諒自己的心原諒別人。

嚴以律己的人，不管是長官或部屬，都會盡心盡力，負責盡職，不會拖泥帶水，怠忽職守；都會主動積極，樂觀進取，不會因循苟且，敷衍塞責。事情不是有做就好，要做就要做好，懂得自律的人，一定是堅持做對的事、堅持把對的事做更好。

（七）樂觀是必勝的信念

天下任何事情，都可以從正反兩面來看，甚至可以從多方面角度來看。非洲土人不穿鞋，樂觀的人說非洲有很大賣鞋的市場，悲觀的人說非洲完全沒有賣鞋的市場。牡丹是富貴的象徵，有一個畫家畫一幅很大的牡丹圖，因為花太大，枝葉畫不完整。悲觀的人看這幅畫，說是：「富貴不全。」樂觀的人看這幅畫，說是：「富貴無邊。」有一個女生寄一封信給她男朋友，信上沒有一個字，信角有個破洞。男朋友不解，找人解疑，一個人解釋為女朋友要他看破，另一個人解釋為女朋友要他突破。

任何一件事，我們都可以看破，也可以突破，問題在我們內心的想法。福在那裡，禍也跟著在那裡；得失互見，禍福相依。我們不能因為有失，就不去求得，我們不能因為有得，就忽略了有失；我們不能只見其福，不見其禍，也不能只見其禍，不見其福。但是基本而言，我們要積極樂觀，平允真實的看待事情。

樂觀的人看到問題後面的機會，悲觀的人看到機會前面的問題。危機正是轉機，有危險就有機會。我們不能因為怕危險，而就失去機會，我們不能沒有勇氣，把危機變為轉機。

樂觀是必勝的信念。想成功的人，才能成功;怕失敗的人，就會失敗。很多人失敗，是給自己打敗的。一個人失掉了心，就失掉一切，樂觀上進的心，是事業成功的礎石。儘管生命是短暫、無常的，我們仍然擁有一些空間；我們雖然只有一些的籌碼，仍然足夠玩幾回人間遊戲。

（八）果斷是領袖的特質

果斷是領袖的人格特質之一，沒有優柔寡斷、猶豫不決的人，而會是一個成功的領導者。在我們日常生活中，常常要做許多決定，這些要做決定的事，有的是小事，有的是大事，有的是微不足道的事，有的是事關重大，不只影響個人一生的前途發展，有的可能影響公司、企業的成功或失敗，甚至攸關國家社會的民生經濟。

赴約會，穿什麼衣服？中午吃什麼？下午要不要去看電影？晚上要不要洗衣服？……這些都是日常生活中的細微小事，並不急切，也不重大；至於要不要出國念書？選讀什麼科系？找什麼工作？……對個人的前途，影響就很大。至於公司的用人、產品的採購、行銷……則是公司發展成敗的關鍵。

我們每天都要面臨許多的考驗，考驗我們對事情的決斷能力。細小的事、影響不大的事，當然比較容易作決斷；重大的事、影響深遠的事，就會比較難做決斷。不管大事或小事，重要的事或是微不足道的事，要能當機立斷，做最正確、最明智的決定，是需要高明的智慧。這樣的智慧，一部分來自天生的稟賦，一部分來自後天的學習。

當斷不斷，反受其亂。任何事情都會有正反兩面的意見，我們常常只見其一，不見其二，只見其利，不見其弊。有的事從近程看是好，從遠程看卻不好；有的事近程看並非有利，從遠程看則是有利，取捨之間，十分困難。

我們常常處在兩難之間，沒有任何一件事不是得失互見，在取捨之間，我們先要化繁為簡，事情複雜了，便難以分辨；同時，平時就要養成當機立斷的習慣，這是成功者必備的條件。

三 成功的必備條件

（一）成功是用自己的版本

每個人在這個世界上都是獨一無二的，每個人都有自己獨特的人格特質，我們並不必刻意的去模仿別人。東施效顰，只是惹人笑話而已。曾國藩〈家訓〉：「凡大家、名家之作，必有一種面貌、一種神態，與他人迥不同。」不只作文是如此，一切事業的成功，都要有自己的版本。

郭台銘之所以為郭台銘，是因為他不去模倣王永慶、施振榮，他做他自己，他走他自己的路。如果郭台銘一意模仿別人，那就不會有今天的郭台銘了。所謂成功，是每個生命的自我完成，不是人人都要當總統、當院長、當總經理、當董事長才是成功。尺有所短，寸有所長，各有各的功能，能當院長的人去當院長，是他的成功；不能當院長的人，而要勉強去當院長，就不會是他的成功。在一個公司裡，有各種職位的人，不會是每個人都當經理、總經理。各個職位的人，盡忠職守，分工合作，才是整個公司的成功。

臨淵羨魚，吃不到魚。很多人只會羨慕、忌妒別人的成功，而徒呼負負，抱怨自己的命不好、運欠佳、長相難看、人緣很壞。其實，老天是很公平的，老天不會把所有的好處都給一個人，而把所有的壞處給另一個人。「金無十足，人無十全。」每個人都有一些長處，也都有一些短處，聰明的人不一定漂亮，漂亮的人不一定有錢，有錢的人不一定健康，健康的人不一定聰明……。我們每個人都要勇敢的去面對而且接受真實而不完美的自己。

我們常常給自己設定的框框卡住了，我們常自以為自己只能做什麼，不能做什麼？其實每個人的潛力無限，只是懂不懂得開發而已。成就靠技術，成功靠態度，別再懷疑，相信自己，「I can do it ！」

（二）專家是真正的贏家

成功是靠能力，不是靠運氣，專家才是真正贏家。有的人運氣好，常常會抽到大獎，但是絕不會每次都抽到大獎，靠山山倒，靠人人老，靠機會更是靠不了。雖然說小富由儉，大富由天，我還是寧可腳踏實地，逐步努力，而不期望一步登天，一夜致富。「守株待兔」、「為虎拔刺」的寓言故事，都是在告訴我們不會天天都有好運氣，求人不如求己，更何況是求天呢？

萬貫家財，不如一技在身。錢是花得完的，一身的技藝，才是源源不絕的財富。「機會留給準備好的人」，「不怕沒有機會，只怕沒有能力」，一再強調能力的重要。要想成為一個有用的人，一定要使自己成為有能力的人。

今天是凡事講求分工合作的時代，尤其是愈精細的高科技，愈是需求頂尖的專業人才。唯有能成為頂尖的專業人才，才能不會被取代、不會被淘汰，不能走在時代的尖端，跟著潮流的腳步挺進的人，在「優勝劣敗，適者生存」的現實環境中，是非常辛苦的。

給工商企業界主管進修的機會；各種在職進修班，也鼓勵在職的人員，多一張文憑，多一種能力，多一種機會。

登高望遠。「欲窮千里目，更上一層樓。」爬得愈高，才能看得愈遠。能力愈強的人，才有愈多的表現的機會。現代的人不只要有一種專業，甚至要求第二專長、第三專長，才會於第一個專長沒有機會表現時，還可以有機會發揮第二專長、第三專長。

有能力的人，才能成為成功的領導者。專家是企業的領航員，有能力的專家，才能預見未來的潮流，才能掌握當前的趨勢，才能成為公司、企業的永續經營，描繪出美麗的願景。有能力的專家，是先知先覺者，以他們的先知先覺，帶領公司、企業的其他人員，邁向正確的途徑。

（三）機會是不敲第二次門

成功的人找機會，失敗的人等機會。等機會的人，沒有機會；創造機會的人，才永遠有機會。俗話說：「機會不敲第二次門。」我們不知道什麼時候會有機會，機會常常一閃而過，如果不及時把握，就會錯失良機。我們不能心存僥倖，以為放棄這一次，還會有下一次；心存僥倖的人，凡事不能當機立斷，這種人很少能有大作為。

一步登天，一夜成名，這是天方夜譚的傳奇。在真實的生活裡，總是一點點、一滴滴，聚小成功而有大成功。等待平步青雲，扶搖直上的人，很少能如願以償。年輕朋友剛成家的時候，都希望擁有一個屬於自己的窩，可是有限的存款，老是趕不上飛漲的房價，一年年都在失落的痛苦中掙扎。如果能夠有計畫的儲蓄，先買便宜一點的房子，再逐步調換高房價的住宅，擁有一個甜蜜的住家，並不是遙不可及的夢想。只怕是好高騖遠，非得要有漂亮的大房子，否則寧可不要，而漂亮的房子，又非自己能力所及，於是只能自怨自艾，徒呼負負。

我們不怕沒有機會，只怕沒有能力。有人請我們去當總經理，我們不能說：「對不起，我還不會當總經理，等我學會當總經理，我再來當總經理。」等到你學會如何當總經理，總經理的位子，早已給別人拿走，輪不到你了。因此，我們不用自怨自嘆沒有機會。只怕肚子裡沒貨，不怕有貨賣不出去。

機會永遠留給準備好的人。人生的經驗，是日積月累而成，多經一事，多長一智，一面做，一面學，準備好的人，隨時都有機會，沒有機會，也可以創造機會。

（四）苦難是磨練心志的良方

沒有經過寒冷的冬天，怎麼能夠看到春天的美景？沒有吃苦受難的人，怎麼能夠體會成功的可愛、可貴。現在有很多年輕人沒有經過貧窮的洗禮，不知天高地厚，對物不珍惜，對人不敬重，對事不認真，也不能承擔一點點挫折、打擊，當然就很難有大成就、大事業。

孟子說：「天將降大任於斯人也，必先苦其心志，勞其筋骨，餓其體膚，空乏其身，行拂亂其所為，所以動心忍性，增益其所不能。」人的能力多半不是天生就有的，不經一事，不長一智，孔子博學多能，他曾說：「吾少也賤，故能多鄙事。」這雖然是他謙卑客氣的話，但事實也是如此，孔子年少貧困，很多的家事都必須他自己動手親自料理。

陳之藩先生說：「專家是訓練有素的狗。」熟讀唐詩三百首，不會作詩也會吟，觀乎千劍則善劍，成功沒有訣竅，有志者事竟成，鐵杵可以磨成繡花針。

苦難是來磨鍊我們的心志，不是來磨碎我們的心志。很多人遇到困難、挫折，就灰心喪志，心灰意懶，不圖振作，這種人當然是不能成功的人。走路沒有不遇到紅燈的，路愈長，愈多紅燈的機會愈多。人生目標愈高遠，會遇到的挫敗、打擊，當然就更多。

蘇軾〈教戰守策〉一文說：「夫當今生民之患，果安在哉？在於知安而不知危，能逸而不能勞。此患不見於今，而將見於他日。」我們今日的生活，是否也是如此呢？人生的苦難是難免的，憂患與人俱生，我們隨時有被苦難擊潰的時候，也隨時有東山再起的機會，關鍵在於居安思危，能不能隨時提升自己對抗苦難的能力。

（五）失敗是成功的契機

從前有一個國王打敗仗，逃到深山，飢寒交迫，又遇到狂風暴雨，躲在一個山洞裡，十分的狼狽。正巧看見一隻蜘蛛在樹上結網，雖然一再的被風雨摧殘，但是始終不氣餒，最後結成一張漂亮的網，也捕獲了小昆蟲，得到美味食物。蜘蛛堅毅結網的精神，給國王很大的啟示，只要不放棄，永遠有機會。所以，國王勇敢的面對失敗，重新整頓軍隊，東山再起，終於把敵軍擊退，恢復失土，再建家園。

所有的失敗，都是通往成功必經之路。任何偉大的發明，沒有一次試驗就成功的，愛迪生經過四千次的失敗，才發明電燈；萊特兄弟發明飛機，也是經過長年累月的實驗。

人生的道路上不會一直順遂的，就像潮水的起伏，有高有低。法鼓山聖嚴上人說過：「我們常說人生不如意事，十之八九，那麼，遇到不如意的事，不正如我們所意嗎？以不如意為如意，人生還有什麼不如意？」

正視人生的失敗。人生有得有失，有成功有失敗，這是很正常的，不以失敗為失敗，就不會有真正的失敗。堅持是成功的不二法門，只要心不死，人永遠活著。一個人失掉了心，就失掉一切，永不放棄的人，永遠有成功的機會。

不要怕失敗。怕失敗的人永遠失敗，想成功的人才能成功。失敗是成功的契機，沒有失敗的苦楚，怎能品嚐成功的喜悅？因此，遇到失敗的時候，千萬不能灰心喪志，英雄氣短。

（六）經驗是創業的資本

創業要有資本。錢不是萬能，沒有錢，萬萬不能。有雄厚的資金，才有機會大展鴻圖，實現理想，否則巧婦難為無米炊，如果資金調度困難，每天要趕三點半，哪裡還有閒情逸志，可以從容不迫去思考事業的經營呢？但是，事業的資本，有有形的資本，有無形的資本，雄厚的資金是有形的資本，豐富的經驗則是無形的資本。

生行不入，熟行不出，隔行如隔山。對於不熟悉的行業，千萬不要冒然涉入，不要看見別人賣服飾賺錢，自己也盲目地投下大筆資金開設服飾店。任何一個行業都有其竅門，如果不懂得竅門，別人賺了錢，自己卻賠了錢。

俗話說：「不怕慢，只怕站；不怕站，只怕轉。」很多人做一行，怨一行，常常換工作，只能停留在事業的基層，不能突破高升，更上層樓。經驗的獲得，不是一朝一夕就可以的，而是要經年累月的研究探討，累積許多的小成功，才能蔚然成為大成功。人生不怕犯錯，只怕有錯而不認錯，認錯而不改過，一錯再錯，沒有學到失敗的教訓。

有經驗的人，可以少走很多冤枉路；有經驗的人，可以很快上路，站在戰鬥位置，隨時接受各種考驗、挑戰；有經驗的人，就是有能力接受考驗和挑戰的人。如果我們自己沒有經驗，一定要找有經驗的人，才可以找到事業成功的契機。

（七）合作是團隊的精神

今天是講求團隊合作的年代，單打獨鬥的英雄主義，已經不能適應現在的需求。我們穿的衣，不是自己織的布；我們吃的飯，不是自己種的稻；我們住的屋、行的車，也都不是自己獨力完成的。古人說：「一日之所需，百工斯為備。」我們穿的皮鞋，是牧場養的牛，工人做的鞋，然後經過多少周折，才從店裡賣出來。

合作是團隊的精神，團結才能產生力量。從前有一個家庭，幾個兄弟都不和睦，有一天，父親把幾個兄弟叫到面前，叫他們每人折斷一根筷子，幾個兄弟很快都折斷了，然後叫每人折一把筷子，結果沒有一個兄弟做到。父親就說：「一根筷子很容易折斷，一把筷子為什麼折不斷呢？」幾個兄弟終於領悟了團結的重要，從此不再吵架紛爭。

合作的意義，包括心的合作和力的合作。心的合作，指捐棄己見，建立共識，誰對就聽誰的，不是官大就學問大，職位高就唯我獨尊。在上位的人，能夠禮賢下士，才能留得住人才。力的合作，除了同心協力，群策群力之外，很重要的，就是要無私，除了要能夠尊重、肯定別人的能力，自己也要能盡心盡力，樂於把自己的經驗與別人分享。幫助別人的人，也會得到別人的幫助，能夠把自己的經驗與別人分享，也才能分享到別人的經驗。

（八）誠實是最大的本錢

做生意要本錢，一個人最大的本錢，就是自己的人格，人格中最重要的特質，就是誠實。誠是統攝眾德之源，所以，誠為真，誠為正，誠為實，誠是盡己之性、盡人之性、盡物之性。《中庸》：「為天下至誠，為能盡其性；能盡其性，則能盡人之性；能盡人之性，則能盡物之性；能盡物之性，則可以贊天地之化育；可以贊天地之化育，則可以與天地參。」誠的力量，幾乎至微，及其廣大，則可以驚天地，泣鬼神。

誠是盡性的過程，誠是真實的表現，以誠待人，才能得到真心的回報。誠是至真、至善、至美，每一個人都能把最真誠的心流露出來，社會就能一片祥和安寧。

人性本來都是非常真誠純潔的，就像剛出生的嬰兒，不識不知，柔弱沖和，純真自然。長大以後，受了後天環境的影響，習染漸深，開始有了爭奪、私心；在社會激烈的競爭之下，為了求得生存發展，於是爾虞我詐，各種欺騙、狂亂、傷害的事情，層出不窮，人性純真善良的特質，便消耗殆盡。

有些人為了達到一己私人的目的，不擇手段，甚至做出傷天害理的行為，為害社會安寧、國家安全。當然，法網恢恢，疏而不漏，天理昭彰，不誠無信，為惡多端，必遭天譴，法理不容。

做人貴在誠實，誠實的人，才會被信任，才會被付託重任，誠實是一個人立身處世的基礎，是事業成功的條件。

商人重利，是無可厚非的，但是為了利益而傷了信譽，是得不償失的事。任何一個人立身處世也是如此，誠誠懇懇待人，實實在在做事，才是最心安理得、最怡然自得的行為準則。

四　莊子思想與職場成功法則

（一）燕雀不知鴻鵠之志

《莊子・逍遙遊》：

> 北冥有魚，其名為鯤。鯤之大，不知其幾千里也。化而為鳥，其名為鵬。鵬之背，不知其幾千里也。怒而飛，其翼若垂天之雲。是鳥也，海運則將徙於南冥。南冥者，天池也。《齊諧》者，志怪者也。諧之言曰：「鵬之徙於南冥也，水擊三千里，摶扶搖而上者九萬里，去以六月息者也。」……蜩與學鳩笑之曰：「我決起而飛，槍榆枋而止，時則不至而控於地而已矣，奚以之九萬里而南為？」

朝菌見了太陽就死，不知一天的始末；蟪蛄春生夏死，夏生秋死，不知一年的長短。蟬和斑鳩看見鵬鳥要飛到九萬里的高空，要靠六月海動的大風，才能飛到南海，十分不解，因為他們想飛就飛，飛到沒有力氣就掉到地上，不知道鵬鳥為什麼要大費周章？其實，是因為鵬鳥體積龐大，非培風不能舉，而且南冥又非一蹴可及，就像國內航班的飛機，只要飛至幾千英尺的高空，而國際航空的飛機則須飛至幾萬英尺的高空。又：

> 適莽蒼者，三餐而反，腹猶果然；適百里者，宿舂糧；適千里者，三月聚糧。

到近郊，只要帶三餐的糧食，當天來回，肚子還是飽飽的；到百里遠的地方，要準備隔天的糧食：到千里遠的地方，就要準備三個月的糧食。我們的目標愈遠大，我們所要具備的能力和條件就愈多。在職場上，心有多寬，路就有多寬。「取法乎上，僅得乎中，取法乎中，僅得乎下。」要想在職場上成功，首先要立大志，要有強烈的企圖心，想要成功的人，才能成功；不想成功的人，一定失敗。

（二）小器易盈

《莊子．逍遙遊》：

> 覆杯水於坳堂之上，則芥為之舟；置杯焉則膠，水淺而舟大也。

倒一杯水在廳堂的窪地上，放一根稻草就可以漂浮起來，成為一隻小船；如果是放一只杯子當作船，就會沉在地上，因為水淺而船大的緣故。

「小器易盈」，小杯子只能裝少量的水，大杯子才能裝多量的水。一個人的氣度格局，影響他的成就格局。我們不能沾沾自喜於小小的成就，而要不斷的繼續努力，才能追求職場上真正的成功。

（三）專一心志

《莊子．達生》：

> 仲尼適楚，出於林中，見佝僂者承蜩，猶掇之也。仲尼曰：子巧乎，有道邪？曰：我有道也……吾處身也，若厥株拘；吾執臂也，若槁木之枝。雖天地之大，萬物之多，而唯蜩翼之知。吾不反不側，不以萬物易蜩之翼，何為而不得？

曲背老人用竿捕蟬，像用手拿東西那麼容易，因為他在捕蟬的時候，身體像樹木一樣站在那裡；他拿竿的手臂，像枯枝一樣的不動。即使天地是那麼大，萬物是這麼多，曲背老人專注在蟬翼上面，不會分心在別的事物，因為能夠這樣，才能手到擒來，萬無一失。

在職場上，做任何事，一定要用心、專心，才能成功，三心二意，見異思遷，一事難成。一心不能二用，事二君不容，腳踩兩條船，一定失敗。又：

> 梓慶削木為鐻，鐻成，見者驚猶鬼神。魯侯見而問焉，曰：子何術以為焉？對曰：匠工人，何術之有？雖然，

有一焉，匠將為鐻，未嘗敢以耗氣也，必齊以靜心。齊三日，而不敢懷慶賞爵祿；齊五日，不敢懷非譽巧拙；齊七日，輒然忘吾有四枝形體也。當是時，無公期，其巧專而外骨消；然後入山林，觀天性；形軀至矣，然後成見鐻，然後加手焉；不然則已。則以天合天，器之所以疑神者，其是與！

梓慶削木頭做鐘架，做成之後，看到的人都驚異以為是鬼斧神工，因為他開始做鐘架的時候，便專一心志，齋戒沐浴。使心中潔淨，不存雜念，把一切的名利得失都忘記，甚至忘記自己存形體四肢，進到樹林後，就能找到最合適的木材，彷彿鐘架已在眼前，加以施工，便像是鬼斧神工了。專心是成功的不二法門。

（四）放下得失心

《莊子‧達生》：

以瓦注重巧，以鉤注者憚，以黃金注者惛。其巧一也，而有所矜，則重外也。凡外重者內拙。

用便宜的瓦器做賭注，心裡沒有負擔 ，技術就很巧妙；用比較貴重的帶鉤做賭注，心裡有負擔，就會害怕輸贏；用更貴重的黃金做賭注，心理負擔更重，神志就昏亂了。

在職場上，當然要有成功的決心，但是努力不一定成功，成功有時還是憑一些運氣。盡人事而後能天命，人事已盡，如果還不能成功，就不要太在意。患得患失，得失心太重，往往是職場成功的頭號殺手。心無罣礙，海闊天空；心有罣礙，寸步難行。放下得失心理的壓力，有時候更能得心應手，放手一搏。

（五）順應自然

《莊子・大宗師》：

知天之所為，知人所為者，至矣！

上天創生萬物，是自然而然，而不是刻意作為，人之所為，也應該只是順應自然而已。可是一般人總想有太多的作為，結果往往弄巧成拙。

《莊子・應帝王》：

南海之帝為儵，北海之帝為忽，中央之帝為混沌。儵與忽時相遇於渾沌之地， 渾沌待之甚善。儵與忽謀報渾沌之德。曰：人皆有七竅以視聽食息，此獨無有，嘗試鑿之。日鑿一竅，七日而渾沌死。

渾沌本來就沒有竅，儵與忽為了報答渾沌熟識招待的美意，為他開竅，反而把渾沌弄死了。

《莊子・駢拇》：

鳧脛雖短，續之則憂；鶴脛雖長，斷之則悲。故性長非所斷，性短非所續，無所去憂也。

水鳥的腳短，白鶴的腿長，這是自然的本性，我們不應該強作解人，把短腳的水鳥的腳拉長，把長腿的白鶴的腿砍短。

失去本性就會痛苦悲哀。

職場上，該如何就如何，不該如何就不如何，才不會徒勞無功，白忙一場。天地萬物各有一定的運行法則，我們只能依理而行，水上行舟，路上行車，各有所長，各有所用，不可以互相取代，如果水上行車，陸上行舟，張冠李戴，刻意妄作，自以為聰明，不只勞而無功，身必有殃。

（六）人貴自知

《莊子‧人間世》：

> 汝不知乎螳螂乎？怒其臂以當車轍，不知其不勝任也，是其才之美者也。

螳螂不自量力，奮力舉起牠的臂膀來阻擋車輪，這是因為牠把自己的才能看得太高。

在職場上，我們要了解自己的斤兩，了解自己的優勢和劣勢，了解自己的機會和困境，才不會像螳螂一樣，不自量力，自以為很有本事。夸父逐日、女媧補天、愚公移山等故事，其志可嘉，其行不可取。我們不必低估自己的能力，但也不能高估自己的能力，凡事要量力而為。我們應該很清楚知道自己能做什麼，不能做什麼？該做什麼？不該做什麼？

（七）步步為營

《莊子‧山木》：

> 莊周游於雕陵之樊，覩一異鵲自南方來者，翼廣七尺，

目大運寸，感周之顙，而集杉栗林。莊周曰：此何鳥哉？翼殷不逝，目大不覩。蹇裳躩步，執彈而留之。睹一蟬，方得美蔭而忘其身；螳螂執翳而搏之，見得而忘形；異鵲從而利之，見利而忘其真。莊周怵然曰：噫，物固相累，二類相召也。捐彈而反走，虞人逐而誶之。

螳螂捕蟬，黃雀在後。黃雀捕捉螳螂而不知莊周準備彈弓射牠，而莊子身陷栗園，被誤會為偷栗子，而被管栗園的人追在後面罵他。這是很有趣的故事，也是寓意十分深遠的故事。

在職場上，我們要特別注意不可以顧此失彼。天下事一利一弊，得失互見，很多人只見其利不見其弊，得失互見，很多人只見其利不見其弊，只知其一，不知其二，瞻前而不顧後，就會有預想不到的災禍了。

（八）知其所止

《莊子．庚桑楚》：

知止乎其所不能知，至矣！若有不即是者，天鈞敗之。

在職場上，很多人常常不自量力，不知所止，學他所學不到，做他所做不到，於是自討苦吃，衍生許多煩惱與痛苦。逾越自己能力的人，只是自尋煩惱而已。

《莊子．養生主》：

吾生也有涯，而知也無涯，以有涯隨無涯，殆已。

我們的生命是有限的，而知識是無窮的，以有限的生命去追求無窮的知識，那就會精勞神疲了。

生年不滿百，常懷千歲憂。人生是一本大書，活到老，學到老，學不了。學無止境，我們一生之中，要學的事物太多、太多，我們也不是想做什麼就做什麼，而是應該做什麼才做什麼。，物有本末，事有終始，知所先後，則近道矣！生命要有核心，生活要有重點，弱水三千，但取一瓢，想要的東西很多，需要的東西很少，我們不能太貪心，才不會禍害危殆。

（九）學不可已

《莊子・則陽》：

> 蘧伯玉行年六十而六十化，未嘗不始於是之而卒詘之以非也，未知今之所謂是之非五十九非也。

魯國大夫蘧伯玉年紀六十，而六十年都在與時變化，未嘗不起初認為對的，而最後卻斥為不對。不知道現在所認為對的，是不是五十九年前認為不對呢？

人生的智慧，應該與時俱增，如果一個大學生還認為他的小學時的作文是不錯，表示他的作文能力沒有進步。人生的很多作法和看法，是會隨著年齡、經驗、學養的進步而有改變的。歲月不停留，我們的經驗、能力，也不能停留。

在職場上，隨著科技的快速發展，不只保存現狀是落伍，今是昨非，未必一定如此，但是要有天天求是的精神。學海無涯，我們當然不能太貪心，什麼都想學，但也不能自暴自棄，或是鴕鳥心態，不求上進。物競天擇，適者生存，跟不上時代腳步的人，遲早會被淘汰的。

（十）勤下功夫

《莊子・大宗師》：

> 日而後能外天下，已外天下矣，吾又守之，七日而後能外物；已外物矣，吾之守之，九日而後能外生，已外生矣，而後能朝徹。朝徹而後能見獨，見獨而後能無古今，無古今，而後能入於不死不生。

女偊得道的功夫，守三日、守七日、守九日，是刻日計工，不是天生就有的能力，外天下、外物、外生、朝徹、見獨、無古今、不死不生，由外而內、由淺至深，功夫的獲得，也是循序漸進，而非一蹴即成。在職場上，要有一番成就，是要日積月累，勤下功夫，才能有所獲得。

《莊子・達生》：

> 紀渻子為王養鬥雞。十日而問、雞已乎？曰：未也，方虛憍而恃氣。十日又問，曰：未也，猶應嚮景。十日又問，曰：未也，猶疾視而盛氣。十日又問，曰：幾矣，雞雖有鳴者，已無變矣，望之似木雞矣！其德全矣！異雞無敢應者，反走矣。

紀渻子替齊王養鬥雞，十天之後，齊王問養好了沒有，紀渻子回答說還沒有，過了十天，又過了十天，最後再過十天，紀渻子才回答說差不多了。可見任何能力的養成，不會是天生具備，也不是一蹴可幾，而是要勤下功夫。

五　結論

李白詩：「天生我材必有用。」在職場上，每個人都可以有一番作為，所謂廢物，往往只是放錯地方的珍寶。成功用自己的版本，我們不必羨慕別人的成功，只要自己有心，一樣可以闖出自己的一片天空。

有一個寓言，有一隻小老鼠，自覺很渺小，希望能找到最大、最了不起的東西，牠發現天是最大的東西，牠說：我希望有一天能像天一樣大、一樣了不起，什麼都不怕。可是天說：我也有怕的，我怕雲，雲會遮天蔽日，小老鼠覺得雲更了不起，就去找雲，小老鼠對雲說：你能遮天蔽日，你是天地間最了不起的力量吧！可是雲說：不，我怕風，大風一吹就把我吹散了。小老鼠又跑去找風，說：天地萬物都擋不住你，你最偉大了吧！風說：不，我怕牆，牆全擋住我，牆比我厲害。老鼠又跑去找牆，說：你比風厲害，你是天下最強的了。牆說：不，我最怕老鼠，老鼠會挖洞，甚至會把牆挖倒塌。這時候，小老鼠才恍然大悟，原來自己才是世界上最了不起。

《莊子．秋水》：「夔憐蚿，蚿憐蛇，蛇憐風，風憐目，目憐心。」獨腳的夔愛慕多腳的蚿，多腳的蚿愛慕無腳的蛇，沒有腳的蛇愛慕風，風愛慕眼睛，眼睛愛慕心。法國小說家雨果說：「世界上最寬闊的是海洋，比海洋寬闊的是天空，比天空更寬闊的是人的心靈。」心有多寬，世界就有多寬，路是無限的寬廣的，願有多大，成就就有多大。

天無絕人之路，總有路可走。《莊子》書中有很多形體殘缺的人，如〈德充符〉篇的「兀者王駘」、「申徒嘉」、「叔山無趾」、「哀駘它」，王駘「從之遊者，與仲尼相若。」哀駘「丈夫與之處者，思而不能去也。婦人見之，請求父母曰：與為人妻，寧為夫子妾著，十數而未止也。」在莊子筆下的這些人，形殘而德全。一枝草，一點露，只要一息尚存，人就有無限的希望。

我們解讀莊子，不只推崇他是一位了不起的思想家、政治家，他在職場上的成功法則，也有許多值得我們學習的地方。莊子有很高明的智慧，又有非常豐富的想像力，他的學養很淵博，觀察力很精細，而且富於幻象，一草一木，一花一石，各種珍異的禽獸，以及神仙鬼怪，一到了莊子筆下，全都成了靈動、活潑，有生命力。莊子往往以象徵性的語言，詼諧的筆調，反映他對凡俗的嘲弄，但是在揶揄聲中，又隱含悲憫與同情，而我們從職場的角度來看，卻又得到許多鼓勵和啟發。

知止的管理智慧

知止思想是一門研究人生如何出處、進退、行止的學問，知止思想是中國古聖先賢遺留下來非常寶貴的人生哲理。知止這門學問，主要是在探討一個人如何安身立命？如何淨化心靈？如何提升人生境界？

企業管理不外是對人、對事、對物的管理，企業管理是以人為核心，以事為手段，以物為工具，與時間競走，而要達到企業的生存和成長的目的。物是死的，事是人做出來的，時間由人來掌握，所以，企業的成敗，最重要的是人的因素。把人管理好，企業經營才能有績效，企業才能永續發展。

盲目的前進，只是莽夫的行為，任何企業的經營，最為重要的是目標的設計，經營者必須非常熟悉自己的條件與能力，必須很清楚了解自己所經營的企業，要往哪裡走？能往哪裡去？以及自己的優勢、劣勢、機會和限制。企業的成敗，主要是市場的因素和產品的質量。市場的需求有多少？產品的供應能否符合顧客的要求？決定了企業發展的生死命脈。

知止，才不會貪求；知止，才能量力而為；知止，才能非常明確分析市場的層面。企業的經營，不是一廂情願、自以為是，而是要冷靜客觀的評估、分析，除了有心，還要有力，不是看了別人賣牛肉麵賺錢，自己也跟著賣牛肉麵。別人賺了錢，自己未必也能賺錢。

企業的管理，不外是對人的管理、對事的管理、對物的管理。談到管理，最重要的是要有制度，有制度才能講品管、講效率。在人的管理方面，當然是分工合作，分層負責，各盡其能，各負其職。一個企業的管理，就像一部機器的運作，大零件、小螺絲釘，各有其功能和價值。

尊重人性，是管理之本，管理從最基本上說，就是對人的管理。和諧的人際關係，是事業成功的基礎，不管是個人的立身處世或是跨國大企業的經營管理，如果人事不安定，經營一定會出問題。企業的成功，不是只靠個人或少數人的聰明才智建立起來的，而是整體企業員工通力合作打造出來的。

企業能多了解人性，才能對錯綜複雜的人際關係和員工的行為與動機，進行有效的引導和管理，進而根據企業每一個階段的發展目標，界定不同的員工管理方式，所以，所謂人性管理，就是對員工的合理要求。

知止與人性管理的關係，在於強調人生是有限的，每個人的才華、能力是各有所偏，企業對於員工，要能用其長處，也要忍其短處。尊重是人生的第一課，每個人立身處世要從看重自己、尊重別人開始。用人唯才，企業管理最重要的是人，不是資金，事業是由人做出來的，資金只是媒介。所以企業管理的核心價值，就是人性管理。人的問題解決了，世界的問題就解決了。

知止思想是研究一個人如何立身處世、如何行止進退的學問，攸關一個人的修身、齊家與創業。企業的管理，猶如人生的經營，知止的研究對企業經營也很重要。老子說：「知足不辱，知止不殆。」一個不知足的人，貪得無饜，往往自取其辱；一個不知止的人，衝過了頭，就會頭破血流，釀成生命的危險。開車的人不懂得煞車，遲早會鬧出事故。不管是小心開車，不要撞到人家，或是不要被別人撞到，關鍵的剎那，就是要緊急煞車。

企業的管理，一樣可以借重知止思想的研究得到好處。企業的管理重點，包括目標管理、系統管理、價值管理、危機管理、人性管理，都與知止思想有非常密切的關係。老闆是企業的靈魂，如果企業經營者精研知止思想，深得其中三昧，不只有助於個人的修養，亦必有助於企業的永續經營。

成功的企業家，做事有目標，有起點，按部就班，循序漸進，不投機取巧，不存僥倖心理。知止就有自知之明，知止就能不貪，知止就能務實，知止就能自制，知止就能有度。商場如戰場？商場如競技場？商場如運動場？商場如秀場？商場如遊樂場？我們不要太患得患失，放輕鬆，才能樂在其中。

知止——職場成功的教戰守策

一　前言

人生像一本支票簿，支票的價值靠自己去填寫；人生像一把胡琴，有人能彈出美妙的音樂，有人只能彈出幾個單音。人生像一幅畫布，每個人都是畫家，每個人手上都握著一些畫筆，畫布上是傳世不朽的作品，或是沒有價值的塗鴉；是彩色呢？還是黑白呢？全看自己的作為。

知止是淨化心靈、提升人生境界的一門重要學問。追求幸福快樂的人生，是每一個人共同的願望，可是，並不是每一個人都過的非常幸福、非常快樂。論其原因，是因為很多人不明白什麼是真正的幸福與快樂，也不明白如何才能得到真正的幸福與快樂，甚至於背道而馳、捨本逐末，而不知道幸福與快樂，原是不假外求。

知止這門學問，主要在探討生命的意義與價值，到底人生在世，汲汲營營，辛苦一輩子，所求為何？目的在哪裡？生、成、住、滅，是宇宙不變的定律，人總會老，老總會死，但是人並不能因此而坐著等死。生命是一種存在，存在自有意義、自有價值。

人生是有限的，我們只有有限的歲月、有限的體力、有限的財富，把有限的生命，發揮出最大的長度、寬度、高度與亮度。

知止在處世方面的運用，非常廣泛。現在是工商企業時代，工商企業的經營，不外是管事與管人，所謂管事，指的是企業的生產和經營；所謂管人，指的是企業內部和外部的各種人際關係。管事與管人是聯繫一起的，從本質上來說，把人管好了，企業就興旺發達了。我們要獲得職場的成功，不管是當伙計，或是當老闆，都要學習知止的思想，知其所止，止其所止，止止不止。

二　知止的涵義

東漢許慎《說文解字》：「止，下基也。象艸木出有阯。」段玉裁注：「止象艸木生有阯，中象艸木初生形。止象艸過中枝莖益大。出象艸木益茲上出達也。故以止為足。」古文止為趾，止為古文，趾為後起字。止字的本義是腳底板，引申義為停止、阻止、禁止、留止、菹止等等。

《漢書．刑法志》：「當斬左止者，笞五百。」顏師古注：「止，足也。」是用止字的本義。一般而言，提到止字，就會聯想到停止、阻止、禁止、留止、菹止等等，《易．蒙》：「山下有險，險而止。」我們說：「心如止水。」止咳、止痛，都是這個意思。《詩經・商頌・玄鳥》：「邦畿千里，維民所止。」此止字，作居住解。《論語・微子》：「止子路宿。」此止字作收留解。

止字的引申義，也有指人的儀態舉止，如《詩經・大雅・仰》：「淑慎爾止，不愆于儀。」鄭玄箋：「止，容止也。」也有指止境，如《大學》：「止於至善。」也有作梵文「奢摩他」之意譯，止、觀（梵語為毘婆舍那）是漢傳佛教天台宗的重要法門，即修行方法。止是止息一切妄念，觀是觀察一切真理，止屬於定，觀屬於慧，止觀就是指定、慧雙修，止息一切外境與妄念，而專注於特定對象，並生起正智慧，以觀此一現象。止如明鏡止水，觀如明鏡中水影現萬象，止與觀，實一體而不二，如一鳥之雙翼，車之兩輪。

知止是一門研究人生如何出處、進退、行止的學問，是研究一個人如何安身立命的學問。深諳此道，則在立身處世的各個層面，都能優游自在、俯仰自得，否則進退失據，動輒得咎，一定痛苦不堪。

知止的涵義，不只有停止、禁止的意思，也有居止、止境的意思。談停止、禁止，是知止的消極意義，談居止、止境，是知止的積極意義。知止的消極意義，是提醒世人不能有太多的貪念，凡事要量力而為，適可而止。《老子》第四十六章：「禍莫大於不知足，咎莫大於欲得，故知足之足，常足矣。」就是這個意思。知止的積極意義，則是強調止字不是停滯不進，而是要保持一顆清明的心，知所進退，該進則進，該退才退。知止，才能專注，專注才能看到問題的核心、事情的緩急輕重，也才能講求工作效率，事半功倍，享受成功。

知止的意涵，一方面是研究如何自制，學習自我約束，不管是在物質生活上的追求，或是人生各種欲望的滿足，都要適可而止，不可貪求不已，以免遭惹禍患。另一方面則是鼓舞上進的心，不能畫地自限。路是無限的寬廣，止於不止，苟日新，又日新，日新又新。知止是淨化心靈，提升人生境界的一門重要學問，知止這門學問，主要在探討生命的意義與價值。

三　知止的重要性

痛苦的產生，主要是來自不正確的思維模式，或者說是我們對付挑戰的方式不對了。人常常是是自己困住自己，走出自己預設的牢籠，才能重見天日。不會飛的蜘蛛，如何能在空中結網呢？因為牠懂得繞道而行。動物園的門不關，柵欄再高都沒用，袋鼠一樣會跑出來。對任何事物緊抓著不放，對自己一點好處都沒有，該放手時就要放手。

人的一生非常短暫，人生所能擁有的財富、體力，也很有限，不可能面面俱到。人生要懂得割捨，割捨是一種智慧。放下煩瑣，是為了輕便前行。布袋和尚詩：「布袋，布袋，放下布袋，何等自在。」布袋象徵人生的包袱、人生的負擔。人生有許多的包袱、負擔，放下了包袱、負擔，當然是件很快樂的事。

我們要獲得快樂的人生，要先學習知其所止、止其所止、學習放下。學習放下，是一種精神的修煉，我們不能緊抓著痛苦不放，卻又不斷在叫苦。

人生最大的問題，是一個惑字，人生的禍患，往往來自於一個爭字。老子說：「五色令人目盲，五音令人耳聾，五味令人口爽，馳騁畋獵令人心發狂，難得之貨，令人行妨。」今天的時代，宛如一個萬花筒，五彩繽紛，形式各異。各種科技產品，不斷推陳出新，令人應接不暇，各種服飾精品，不斷爭奇鬥艷，令人眼花撩亂，走進各大百貨公司、大賣場，真是琳琅滿目，美不勝收。心動就會行動，走過、經過，一定不會錯過，於是大包、小包，滿載而歸。

再者，在人生的旅途，充滿各種的誘惑，如果沉不住氣，就會迷失、墮落，無以自拔。人要做壞事，不是天生就會的，常常是受不良環境、不良朋友的影響，而誤入歧途。自制是很重要的人生修養，卻也是很難做到的人生修養，因為人生最難的事，就是抗拒誘惑。

一個人過分貪名愛利，盲目去追逐求取，往往是未得其名，先得其辱；未獲其利，先受其害。再者，禍福是相倚相伏，即使勉強求得功名富貴，也因為一得一失，得失互見，而犧牲許多珍貴的情緣、福分，以及自己的健康和生命。

人為自己所喜愛的，不管是名或利，求的愈多，失的也愈多；珍藏的寶貝愈多，亡失的東西也是相對的增加，所以《老子》第四十四章：「甚愛必大費，多藏必厚亡。知足不辱，知止不殆。」物忌太滿，滿則溢。《老子》第二十二章：「曲則全，枉則直，窪則盈，敝則新，少則得，多則惑。」又第七十七章：「天之道，其猶張弓與？高者抑之，下者舉之，有餘者損之，不足者補之。」我們應該引以為戒。

在這個變亂的時代裡，在這個充斥的各種聲色犬馬誘惑的社會中，我們最需要的，就是學習老子所主張的虛靜的工夫，不急進，不躁動，以穩健堅實的腳步，朝向正確的目標邁進；另一方面，而對各種物質情欲的誘惑，我們要懂得節制，知止知足，少私寡欲，過簡單、樸實、自然的生活。

四　知止的價值

知止的價值，約略言之，可以歸納為下列各點：

（一）掌握人生方向

樹的方向，由風決定，人的方向，由自己決定。可是很多人不清楚自己的人生方向，東碰西撞，終其一生，一點成績都沒有。孔子曾說：「後生可畏。四十五十而不成名，其亦不足畏也。」我們從小老師出作文題目，就要我們寫「我的志向」。志向是一個人努力的目標。小時候懵懵懂懂，對人生還沒有明確的概念，談人生的理想，有的想當總統，有的想當警察，有的想當運動家……林林總總，長大後，很少能圓夢成功的。

長大了，隨著時光流逝，發現人生並不是想像中的可愛，要什麼有什麼，反而常常是事與願違，希望一個個落空破滅，於是不敢再有理想，不敢再有宏遠的志向。

人對理想的迷失，不全是現實的殘酷，有時也因為誘惑太多，三百六十五行，行行出狀元，有些人是不知道自己該做哪一行，能做哪一行，有些人是野心太大，很多行業都有興趣，有些人則是耐心不足，做一行，怨一行，坐這山，望那山，最後是一事難成。

做任何事，不怕慢，只怕站，不怕站，只怕轉，要是心無定向，每天見異思遷，整天就想換工作，一定很難有傑出的表現。我們燒一壺水，火再微弱，只要持續不斷，終必把水燒開，若是有一陣，沒一陣，開開關關，再猛的火也燒不開水的。

做事三心兩意的人，是不會成功的，為什麼會三心兩意呢？就是因為不知止，內心沒有定向、定力。貪心的人，一次想做很多事的人，也很難有成就。論其原因，也是因為不能知止，不了解自己能力的有限、體力的有限、時間的有限、財力的有限。

一個不知止的人，往往盲目亂撞，傷痕累累，而不會反省、檢討，卻怨天尤人，抱怨運氣不好，景氣不佳。一個懂得知止的人，能夠冷靜思考，縝密判斷，知道自己有什麼、沒有什麼？知道自己要做什麼、不能做什麼？不是每個人都有機會當美國總統，如果他不是美國公民，連被選的資格都沒有。

能夠知止的人，才能量力而為，能夠平勻理性的分析主客觀的因素和條件，做任何事不是一廂情願就可以的，也不是逞一時的衝動，就可以的。一潭池水，波瀾激盪，怎麼能夠明確的照人形影？只有平靜清澈的池水，才能清楚的照人形影。

（二）體認生命價值

人從哪裡來？人到哪裡去？人生在世，所為何事？如果談生命的存在只為了飽食暖衣，那麼人在追求溫飽之後，為什麼還在忙個不停？如果說人生是為了追求財富、權力，那麼許多人擁有令人羨慕的金錢、地位之後，為什麼還是鍥而不捨努力工作？人生應該要有個更高、更遠、更完善的目的，生命的價值應該是超越個人有限的生命、超越個人的榮華富貴，而以全人類的福祉、整體國家、社會的安危為關懷的對象。換句話說，人生所追求的，應該是兩大目標，一是拔除人間的痛苦，一是增進人類的喜樂。為了拔除人間的痛苦，必須要有「我不入地獄，誰入地獄」、「地獄之門不空，誓不成佛」的心胸；為了增進人間的喜樂，必須要有「滿心歡喜，生老病死」、「大肚能容，天下古今」的氣度。

我常強調人生要有三個理想，一是生存有尊嚴，二是生活有品質，三是生命有價值。什麼是生命有價值？就是我們的生命對別人有價值，這就是我們生命的價值，兒女覺得父母很偉大，這就是父母的價值；父母覺得兒女很上進，這就是兒女的價值。如果一個朋友對你說：「有你真好」，這就是你的生命價值。簡單的說，所謂生命價值，就是做個有用的人，做個可被利用的人，對國家、社會、眾生能奉獻服務的人。

古人談人生三不朽，是在立德、立言、立功。筆者認為所謂不朽，是活在別人的心裡；孔子是兩千五百多年前的人物，今天大家心裡還有孔子，孔子不朽矣。我們能活在我們的親友心目中，這就是我們的不朽，我們的生命價值。

現代文明最大的危機，就是把人物化，把人當成商品來看待，只有有用或無用，把價格等同於價值。人被量化、被物質後以後，人的價值與尊嚴就不存在了。做頭等車的人未必是頭等人，有錢可以坐頭等車，但是如果是不正當得來的財富，則未必是頭等人。如果只從財產的多寡、地位的高低，來界定一個人的生命價值，就會有笑貧不笑娼的錯誤看法。

孟子說：「人人有貴於己者。」世俗的尊貴，不是真實的尊貴，別人能請你當總經理，也可以不請你當總經理，總經理這個職位，不是自己能決定的；人可以一夕致富，也可能一夜之間傾家蕩產。人生的迷失，在於不知孰本？孰末？孰輕？孰重？知止才能體認生命的價值，才不會捨近求遠，捨本逐末。人生的莊嚴，不是在為自己想，而是在為別人想。偉人之所以為偉人，是因為能把自己的悲苦，化作別人快樂的泉源。

（三）求得身心安頓

《大學》：「知止而后有定。」知止的人，人生才有定向、定力。心如平原縱馬，易放難收，知其所止，才能把身心安頓下來，而不會狂亂奔走，陷於危險之地。

生活本來可以很簡單，只是我們把它複雜化了。處在今日忙亂的工商社會裡，每天進進出出，腳步都很匆促，好像有做不完的事，開不完的會，飯局一攤續一攤，到底會是樂在其中？或是苦不堪言？家人常常會抱怨找不到我，我也自覺常常找不到自己。我常自省，我真的那麼重要嗎？非得去做那些事、開那些會、吃那些飯嗎？如果有一天我不在了，這些事不是依然有人做嗎？這些會不是依然在進行嗎？這些飯局不是一樣有人在笑鬧玩樂嗎？

人生求個什麼？人生求的是一顆安定的心。有人志在高山，有人志在流水，求仁得仁，沒有什麼好爭的。問題是很多人不了解自己，不了解自己有什麼、沒有什麼？自己要什麼、不要什麼？自己該做什麼、不該做什麼？想當醫生的，不一定有能力當醫生，沒有條件當醫生，如果沒有自知之明，強求不已，徒然只是增加自己的煩惱與痛苦；想從政的人，也不是有學識、能力就可以了，機運更是重要。所謂「時勢造英雄」，生對時代，是非常重要的關鍵。

人生不必強求，天下事自有定數。人生難得，當然要多珍惜，努力表現，但是謀事在人，成事在天，凡事不必強求，盡人事則聽天命，人事已盡，天命不從，一切順其自然，才能問心無愧，心安理得。不過，雖然努力不一定成功，而不努力一定失敗，我們不能因為不確定能成功，就放棄努力。老天常常喜歡跟我們開玩笑，而且有時開的是大玩笑，讓我們驚嚇、害怕，甚至是莫大的痛苦和傷害，我們都要有勇氣承擔、面對；不管遇到任何困難、挫折，我們都不能放棄對生命的希望。

複雜的生活，使我們迷失生命的價值和努力的目標。我們的生命是有限的，我們的體力是有限的，我們的財富是有限的，如果我們的慾望、需求是無限的，其結果當然是失落的、傷心的、煩惱與痛苦的。有位長者告誡我：「一個人如果名利之心不絕，則煩惱痛苦不斷。」煩惱是自找的。快樂不是擁有很多，快樂是要求很少。

（四）擁有自由心靈

人的能力有限，而欲望無限，尤其在當今科技非常昌盛發達的年代，各種科技產品日新月異，真是令人看得目不暇給，總想追逐、趕上時代、社會的潮流，不斷的求新、求變。而各種的美食、服飾、新車、豪宅，也不斷刺激、誘惑人類的欲望，如果不能知止、節制，適可而止，求不完，就苦不完。

知止，不只來自對物質方面的追求，也包括精神層面的追求，財富的追求，是物質層面，聲名的追求，是精神層面。

人在各方面的追求，都應該量力而為，適可而止。凡事過猶不及，偏了都不好。老子說：「知足不辱，知止不殆。」凡事都要知足、感恩、節制、惜福，才能避禍、遠禍。人生的加減，加法是成長，減法是成熟，自知則明，知止則智。

一個懂得知足、知止的人，才能當家做主，做自己生命的主人，才不會成為欲望的奴隸。一個能知止的人，才懂得自己能要什麼，不能要什麼，自己該要什麼，不該要什麼。人的存在是不自由的、被限制的，「生年不滿百，常懷千歲憂。」人生的功名富貴、得失禍福，也往往不是自己能掌握的，不是有求必得的，也不是可以隨心逃避的。放開一切，獲得一切，只有能夠知止的人，才能停止貪念，才能懸崖勒馬。

美的特質是自由與無限，美是通往自由與無限之路，美的創造與欣賞，都是想像的馳騁，都是要突破現實的侷限，而開展無限的空間。席勒〈審美教育書簡〉說：「通過自由去給予自由，這就是審美的國度的法律。」自由是藝術的第一義，自由也是人生的第一目標。人常是自己困住自己。解鈴終需繫鈴人，人是自己困住自己人，人也只有靠自己才能解困。人生如何才能擁有一顆自由的心靈呢？最重要的就是要能知止。

（五）欣賞人生美景

人生到處有風景，宋程顥詩：「春有百花秋望月，夏有涼風冬聽雪。心中若無煩惱事，便是人生好時節。」可是我們都「但見冰消澗底，不知春上花枝。」人生的許多美景，常常是在行色匆匆之間，消逝不見。當我們放慢腳步，緩一緩，歇一歇，才能發現人間的美好。「眾裡尋它千百度，驀然回首，那人卻在燈火闌珊處」、「踏破鐵鞋無覓處，得來全不費功夫。」

「青青翠竹盡是法身，鬱鬱黃花無非般若。」人生俯拾都是美景，生命的自我追尋，全方位的生命開展，都不必有所待、有所求。我們都只是塵世間的一粒微塵，要求不多，能求不多，我們只要做好自己，就是第一重要的事。專注眼前的事，把心放在正在做的事。所謂美感經驗，就是專注於一件正在做的事，截斷眾流，擺開一切的得失利弊，當下所能感覺到的快慰情緒。「人生就是菩提，生活就是道場。」努力活在當下，人間就是天堂，而其前提就是要能知止、放下、割捨。

一個人最大的滿足，不是來自物質的享受，而是精神上的愉悅和順。我們往往為了忙於工作，而犧牲生活，在漫漫的人生大道，有許多的勝景、美好的事物，因為行色匆匆，全都來不及一一瀏覽、品味，十分可惜。知止才能欣賞人生美景，凡事知道適可而止，才不會盲目追求，沉迷陷溺而不知自拔。知止才能專注，知止才不會有妄念、貪心、亂求。

人不能無私，但宜少私，人不能無欲，但要寡欲。很多人只知其樂，不知其足，只知其進，不知其止。香港首富李嘉誠的名言：「很多企業的失敗，最少有一半都是因為貪婪。」

真是令人值得警惕。要享受喜悅人生，欣賞人生美景，最重要的就是要能放、能忘，放下執著，忘掉得失，而且要知止，才不會再勞形傷神。緊張、忙碌、焦慮、煩躁，是現代人的通病，尤其是在工商社會之中，快還要更快，好還要更好，多還要更多，人在無止境的追求下，不只迷失了生命的意義和價值，也可能喪失親情及友情、愛情，甚至賠掉自己的健康和身體。

（六）積極活在當下

過去是雜念，未來是妄想，只有把握當下，才是人生的正解。當然，每個今天，都是過去的延伸，每個未來，也都是今天的發展，上一刻，下一刻，都與這一刻緊密相隨。但是，有些人總是沉緬過去或是迷幻未來，而不能勇敢面對現在。已逝的歲月，不管是得意或失意，我們都不能、也不必緊抱著不放。如果我們緊緊抱住昔時的成功，我們如何能夠追求更多的成就？如果我們永遠走不出往日的傷痛，我們如何能夠迎接嶄新的未來？

每天眼睛一張開，都是新生命的開始。人生如牌局，每一次的輸贏，都不影響下一次的輸贏。活在今天，活在當下，才不會把人生的希望，寄託在虛無縹緲的海市蜃樓；也不會把人生的行旅，永遠背負過去的沉重包袱，以致步履蘭珊，痛苦不堪。秋天遍地落葉，無論今天我們怎麼用力搖樹，明天的落葉還是會掉下來。做好今天的事，不要拿明日的烏雲，遮住今天的陽光。今天自有今天的煩惱，明天的煩惱，明天再說吧！

老天對每個人的要求不同，命運給我顏色，我正好開個染房；命運給我一地碎玻璃，我可以把它們製成跳天鵝湖的水晶鞋。逆中求勝，更能彰顯人性的光輝。法國大小說家雨果說：「世界上最寬闊的是海洋，比海洋寬闊的是天空，比天空更寬闊的是人的心靈。」只要心不死，人永遠活著；我們不是要活在過去或是未來，而是現在。

知止，才能站穩腳跟，不會衝過頭；知止，才能明白自己的定位，該做什麼？不該做什麼？知止，才能知所取捨，頂得住誘惑；知止，才能急流勇退，見好就收；知止，才能節制情緒，喜而不過，怒而不憤，哀而不傷，樂而不淫。生活中能知止，才能避免禍從口出、病從口入；商場上能懂知止，才能拿捏分寸，長長久久，永續經營。簡單地說，能夠知止，才不會自取其辱，導致危難。

五　知止的修養

止是息、停的意思，止就是要專一、專注，把散亂的心收攝起來。知止的要訣，就是收攝身心，專心一致，止欲、止惑。知止是修養心識，消除煩惱。堅定志向，才能夠鎮靜不躁，鎮靜不躁，才能夠心安理得。有些想要的東西，其實不需要；有些需要的東西，其實不想要；我們真正的需要是什麼呢？

這就是知其所止的重要性。

佛家講求三寶，戒、定、慧，心地沒有邪念就是本性的戒，心地不亂就是本性的定，心地無癡就是本性的慧。一般人定性不足，往往只見其利，不見其弊，先享受再說，而沒有考慮是否有不良後果。大吃大喝而傷了腸胃，瘋狂玩樂而損及健康，貪贓枉法而危害性命，多少不幸的事，常是一時的糊塗，忍不住誘惑的結果。

古人談修養，有所謂定、靜、安、慮、得的工夫，定字放在第一位。心有定向，心不妄動，心才能平靜下來，心能平靜下來，才能冷靜平允的思考，才能對事理有客觀公正的看法，才不會有偏頗不當的錯誤決定。定，並不是不動，而是不妄動，要動靜得宜。人的生命是活活潑潑的，有無限開展的生機。講求定字的修養，並不是教人萬念俱滅，毫無生意，而是在縹緲的人生大海中，能夠確定努力的方向，心無旁騖，不受各種不當誘惑的影響。一個人希望事業有成，每一個理想都能實現，必須要有很堅定的信心與毅力，不為威脅，不受利誘。

花花綠綠的世界，五彩繽紛，美不勝收。但是，弱水三千，但取一瓢；天下的俊男美女很多，我們只能擇一而娶，擇一而嫁；滿街的大廈、轎車、美食、華服，數不勝數，我們所能擁有、享有的，都很有限。我們應該要有定見，知道要什麼、不要什麼？知道該要什麼、不該要什麼？量力而為，才能勝任愉快。貪婪無饜，徒生煩惱痛苦。

止是定，觀是慧，一切善法，都是從定、慧而生。止是將我們的煩惱降伏，使它不亂動；觀是斷滅困惑，使心識清明。止是把心停放在智慧之中，而不是停放在妄念、邪念、惡念之中，智慧通達，契合真如，就能殲滅三千煩惱。佛家講正知、正念、正信，止就是收攝身心，專注一處。

止字的要訣，要在寂靜中體會。靜有安靜、寧靜的意思。水靜則明，思靜才能直探本心。宇宙的現象是變動不羈的，動中有靜，靜中有動。不管外界是如何的紛擾不安，最重要的，我們的內心要保持安靜祥和，以靜觀變，以靜制動，才能動靜得宜。

平靜的水面，能夠清楚的映照人的形影；在安靜的生活中，我們才能怡然自得，自適自足。現代的社會非常繁亂，有些人因為工作過分的勞累忙碌，性情變得粗暴急躁，常常與人發生爭執，甚至釀出嚴重的傷害。為了培養一個安和樂利的社會，溫馨甜蜜的家庭，人人都要有一顆寧靜的心靈。如何追求一顆寧靜的心靈呢？就是心要能安定下來，心要能知其所止，止其所止。

六　知止的功夫

人生的痛苦，往往因為私心太重，欲望太多，而且爭強好勝。知其所止，強調人生要有智慧，要知道自己能做什麼？不能做什麼？自己該做什麼？不該做什麼？人不必妄自菲薄，也不能狂妄自大，更不能貪得無饜。所以，對任何欲望的追求，要淺嚐而止，要適可而止，要知止知足，才可以遠離屈辱、禍害。

人生在世，一輩子辛辛苦苦，汲汲營營，到底目的在哪裡？人生有許多的誘惑，面對人生的種種誘惑，除非是修養很好的人，自制力很強，否則很難抗拒誘惑，而不陷溺於情欲的追求。研究知止，第一層的意義，是要知其所止，知道人生是有限的，求不完，就苦不完。知止的第二層意義，是要止其所止。

很多人都知道知止的重要性，可是卻不知道如何做到知止，即便知道如何做到知止，也未必能夠身體力行。如何做到止其所止呢？簡單的說，就是要學會放下。放下不是放棄，放下是為了騰出空間接納更多有價值的東西。人生像是兩手各已提著東西，想要拿另一樣東西，就必須先放下一樣東西，先空出一隻手。人生要懂得割捨，有捨才能有得。

人生像一趟行旅，身上背負太多、太重的行囊，如何能夠走得輕鬆、走得快樂呢？放下，是人生永不止息都在學習的精神修煉，因為人生不同的階段，都有不同的嚴峻的考驗。如果把人生比喻為一件藝術品的創作，那麼，就是要割捨掉不該留下的東西，才能留下最珍貴的部分。

我們要放下什麼呢？我們要放下恐懼、放下疑慮、放下執著、放下貪念、放下自憐、放下自大、放下自私、放下自閉、放下傲慢與偏見、放下憤怒與怨恨。放下這麼多東西，歸結而言，就是要放下一些錯誤的想法，而不是要放棄生活。

（一）知止才能放下此身我執

人生是很脆弱、很無奈的，人對自己的生死、疾苦，常常身不由己。在人的一生之中，雖然有些時候、有些事，是自己能作抉擇、能作決定，但是多半的時候、多半的事，實在是冥冥之中，自有定數，非人力所能作為。古人常說：「長恨此身非我有。」的確，我們對自己的生命，只有使用權，而沒有所有權。

我有一位長輩的朋友，家住新莊，不幸已經過世。他身前是中華民國樹石協會理事長，姓林，寫一筆硬挺的好字，喜歡樹石盆栽，與楊英風、朱銘是好友，家裡有很多珍藏。有一天我陪我的長輩去探望他，當時他已七十高齡，中風，不良於行。這位林先生很高興我們到訪，特別從床底下拿出一把紫砂壺，讓我們玩賞，說是他小時候在大陸，他的一位長輩送他的，這麼一推算，應有數十年，甚至百年的寶貴，我看了之後，非常羨慕。林先生說：「老弟，你不要羨慕，這些東西都是老天借我玩的。」是啊！人生有什麼東西，是能跟自己一輩子呢？

林先生豁達的心境，令我有所體悟。不只沒有什麼東西，能跟著我們一輩子，也沒有任何人能跟著我們一輩子，父母、夫妻、兒女、朋友，全都是或長、或短的陪伴我們生命的人。人生好比坐火車，有人先上車、有人先下車，先上車的未必先下車，後上車的也未必後下車，而同坐一車廂的，就是我們的父母、夫妻、朋友，以及許多不熟識的人。

古人鑒於人生苦短，人世無常，而有秉燭夜遊的主張；十年前九二一集集大地震之後，也有不少國人看透天災的可怕，生命的脆弱，而不再汲汲於名利，提早作退休的生涯規劃。

我常告訴學生，人生最重要的是要有一顆安定的心，做人、做事都要能坦然而安、問心無愧。以前以三十年為一代，後來以十年為一代、五年為一代，現在則更是日以千里，變化之快、之多、之大，實非一般人所能承擔、接受、適應、調整。因為處在這麼快速變化的時代與社會，而適應不良，而產生各種生理、心理疾病，如心臟病、高血壓，胃潰瘍、憂鬱、失眠、食慾不振等等，成為現代人的通病。

佛家講空觀、禪定，目的是要能放、能忘。心無罣礙，才能無有恐怖，才能遠離顛倒夢想。人生的存在，有種種的限制，人是被放置在經常充滿貧乏、恐懼、不安的環境之中；人要如何才能免於貧乏？免於恐懼？免於不安？人在物質方面的努力，只能解決一時的問題、一部分的問題，人無法從物質方面，解決所有的人生問題。人只有從精神上得到完全的解放，才能從根本上解決生命的種種困惑和疑慮。

（二）知止才能放下包袱布袋

我有很多尊布袋和尚琥珀雕件，大大小小，形制各異，但是都有一個共同特點，就是背上背著，或是手上提著一支布袋。布袋和尚是許多人的最愛，尤其是做生意的人，敬供如神明，因為祂是財神爺，布袋裡裝的是金銀珠寶。其實布袋和尚和彌勒菩薩都是同一類型，圓通通的臉，圓通通的肚，一身慈悲歡喜的法相，令人又敬又愛。

布袋和尚、彌勒佛，說是財神爺，不如說是歡喜佛更貼切。因為財富不一定使人快樂，快樂才是真正的財富。錢雖然可愛，可是錢並不是人生唯一的可愛。人生的需求是多方面的，金錢所能滿足於人的，只是其中之一，人在不同的階段，有不同的需求，但是人在吃飽喝足、衣食無缺之後，物質的追求，不再是很多人關切的目標，自由、愛、被尊重、自我實現……，精神層次的願望，往往才是許多人努力的夢想。

人的願望是多方面，西方的聖誕老公公，他背包裡裝的是玩具、糖果、禮物，以及孩童的夢想；我們布袋和尚的行囊，不應該只有金銀珠寶，還包括健康、美麗、友情、愛情、事業……等等，所有人生的願望。

「布袋，布袋，放下布袋，何等自在。」布袋象徵人生的包袱、人生的負擔。人生有許多的包袱、負擔，放下了包袱、負擔，就像莊子所說「懸解」，把一個倒掛的人放下，那當然是件很快樂的事。人生的包袱，常常是來自自己太多的追求。人常常給自己畫下的框框卡住了，人也常常不自量力地給自己太多的期許和壓力。

平安就是福，快樂是內心的自足。有一年的春節團拜，我問我的一位老師，這一年我該注意什麼？我一個人在台北過日子，是要有很多小心的地方。沒想到老師說：「正常過生活就好了。」是啊！哪有什麼比「正常過生活」更要注意的事？一個能正常過日子的人，那還需要小心什麼呢？一個人不是只過自己想過的生活，而是過自己該過的生活。

人生貴在自得。當我們能夠消除對生活完美的追求時，我們就能夠發現生活本身的完美。我們每一個人應該認識而且接受這個不完美而真實的自己，而且同意每一個人都是不一樣的。學習如何看重自己、尊重別人，是人生的第一課。

（三）知止才能放下恐怖罣礙

我們常有一顆不安定的心，心多罣礙、心多恐怖。我們到底在怕什麼呢？因為心多恐怖，就有很多的顛倒夢想。怕是我們唯一該怕的事。人生最看不破的是生死障，很多人怕死，是因為不知道死後會變什麼樣？一個人連死都不怕，還有什麼可怕的呢？

《莊子‧至樂》：「莊子妻死，惠子弔之，莊子則方箕踞鼓盆而歌。」惠子曰：「與人居，長子老身，死不哭，亦足矣，又鼓盆而歌，不亦甚乎？」莊子曰：「不然，是其始死也，我獨何能無概然，察其始而本無生，非徒無生也，而本無形，非徒無形也，而本無氣。雜乎芒芴之間，變而有氣，氣變而有形，形變而有生，今又變而之死，是相與為春秋冬夏四時行也。人且偃然寢於巨室，而我噭噭然隨而哭之，自以為不通乎命，故止也。」莊子把人的生死看成像是春夏秋冬的變化，日夜的運行，只是一種自然現象，所以莊子妻死，他會「鼓盆而歌」，因為他認為他太太「偃然寢於巨室」，如果自己在一旁哭哭啼啼，是「不通於命」。

我們內心的不安定，除了來自恐懼害怕之外，也有來自疑慮猜忌。疑慮是朋友、親人之間最大的敵人，更是夫妻感情的頭號殺手。人與人之間的交往，最為重要的，是要能夠彼此以誠相待，而且互相信任。夫妻的結合，是兩個成年人要廝守一輩子，長長久久，永生不渝，所以彼此要向對方負責，彼此要信任對方，有懷疑就沒有信仰，有懷疑就沒有愛情。

一個人的成功與否，很重要的關鍵，是對自己有沒有信心。成功六字訣，不要疑，只要信。怕失敗的人一定失敗，相信會成功的人才會成功。自信是成功的基礎，沒有一個對自己沒有信心的，別人會對他有信心。思想產生信仰，信仰產生力量。「吾心信其可成，移山填海之難，亦成矣！」

佛家說：「一切由心造。」俗諺也說：「樹的方向，由風決定，人的方向，由自己決定。」沒有人能決定你的未來，只有自己能決定自己的未來。態度決定生活，不是生活決定態度。我們想過什麼樣的生活，就要有什麼樣的態度。

放心不是放棄，放心不是放棄對生命的追求，放心是為了安心，放心是對生命充滿熱烈的期望。青年雙手，人類的希望。人生是有限的，我們只有有限的生命、體力、財富、能力，但是只要心不死，人永遠活著，只要內心充滿希望，我們就可以在有限中追求無限，把有限的生命、體力、財富、能力，產生源源不絕的活力、能量。

做人之道，求其安心而已，有一顆安定的心，才能有明確努力的目標，才不會三心二意，見異思遷，或是狂妄自大，目空一切。有一顆安定的心，做人做事就會務實、踏實、平實、真實。養心是養生的重點，放心為養心的重點，放心為養心的核心。要養心先要放心。而放心就會安心，心安理得，則怡然自得。

（四）知止才能放下得失禍福

自古英雄，不論是橫槊賦詩的曹操，浪淘千古風流人物的蘇東坡，全都敵不過時間的洪流、歲月的洗禮；即便是席捲天下、包舉宇內的秦始皇、派徐福遠赴東瀛求不死之藥，而今安在？「萬里長城今猶在，不見當年秦始皇。」唐代詩人劉禹錫〈烏衣巷〉詩：「朱雀橋邊野草花，烏衣巷口夕陽斜。舊時王謝堂前燕，飛入尋常百姓家。」寫盡人世的滄桑，變化無常；也難怪王羲之〈蘭亭集敘〉一文十分感慨的說：「脩短隨化，終期於盡。」

生命的無常，無不令所有英雄為之氣短。張學良有一句名言：「英雄回首是神仙。」回首當年發動西安事變，英雄煥發，驚動政商，後來歷經數十年被軟禁的生活，才有今是昨非的感嘆。如果能夠即時回首，英雄不必是悲劇人物，而是快樂神仙。

人生最看不破的是生死障，死都不怕，還怕什麼呢？莊子將死，弟子欲厚葬。莊子說他「以天地為棺槨，以日月為連璧，星辰為珠璣，萬物為齎送。」喪具已備。弟子怕莊子的屍體拋露在外面，會被烏鳶所食。莊子說：「在上為烏鳶死，在下為螻蟻食，奪彼與此，何其偏也。」莊子的豁達，因為他知道「通天下一氣耳」，「人之生，氣之聚也，聚則為生，散則為死。」

莊子妻死，莊子鼓盆而歌，因為他知道「察其始而本無生，非徒無生也，而本無形；非徒無形也，而本無氣。雜乎芒芴之間，變而有氣，氣變而有形，形變而有生。今又變而之死。是相與為春秋冬夏四時行也。」生命只是一種自然現象，人總會老，老總會死，存在的人、事、物，遲早都會消逝，我們無法抗拒，我們只能坦然接受。

人生除了貪生怕死，人對名利、得失、禍福，也頗多罣礙。追求富裕豐足的生活，並不是錯誤，但是如果沒有自知之明，如果不能量力而為，貪求無饜，不知適可而止，就像開車的人而不會踩煞車，就十分危險了。凡是偏了都不好，過猶不及。連最基本的生活條件都不具備，當然是非常辛苦的事，而過分追求奢華淫逸的享受，也不是好事，也不是長壽養生之道。

人生猶如一趟旅行，行囊太多、太重，如何能夠輕鬆愉快呢？西方的聖誕老公公，他背包裡裝的是玩具、糖果、禮物，以及孩童的夢想。我們中國的布袋和尚、彌勒佛是許多人的最愛，尤其是做生意的人，敬供如神明，因為祂是財神爺，布袋裡裝的是金銀珠寶。

我們每個人的行囊裡，裝的是什麼呢？是健康、財富、親情、友情、愛情、事業、名譽……。生而為人，天生就有各種欲望的追求。每個人所具備的條件有限，我們只有有限的歲月、有限的體力、有限的金錢，而我們的慾望是無止無盡的。欲望的溝壑難以填滿，所以我們總是苦多、樂少。追求快樂之道，就是要減少欲望、減輕負擔、放下不必要的包袱。「布袋，布袋，放下布袋，何等自在。」布袋象徵人生的包袱、人生的負擔。

我們要放下恐懼、放下疑慮、放下執著、放下貪念、放下自憐、放下自私、放下自閉、放下依賴、放下別人眼中的自己的包袱，快樂做自己。放下不是放棄，而是生命的提升，放下是一生不會終止的精神修煉。

《西遊記．悟空歌》：「天也空，地也空，人生渺渺在其中。日也空，月也空，東昇西墜為誰功？金也空，銀也空，死後何曾在手中？妻也空，子也空，黃泉路上不相逢。權也空，名也空，轉眼荒郊土一封。」喝醉酒的人神志不清楚，執迷不悟的人，看不透人生的真諦。人貴清醒自覺，「英雄回首是神仙。」回首二字，代表覺醒的意思，年過六十，方知五十九之非，但是永遠不會太遲，就怕是一生癡迷不悟，就會一輩子痛苦不堪。

（五）知止才能放下生氣難過

世事難料，我們常常會遇到一些不如意的事，會遇到別人對我們的一些不友善、不禮貌，甚至是非常惡劣的行為。我們的情緒常常會被不愉快的經驗所激怒，或表現出沮喪、懊惱、憤恨。生氣是拿別人的錯誤來懲罰自己，是雙重的損失、雙重的傷害，就好像丟了錢又很傷心，丟錢已是財務的損失，傷心更是對健康的傷害。

有一首勸世歌「莫生氣」：「人生就像一場戲，因為有緣才相聚；相扶到老不容易，是否更該去珍惜；為了小事發脾氣，回頭想想又何必；別人生氣我不氣，氣出病來無人替；我若生氣誰如意，況且傷神又費力；鄰居親朋不要比，兒孫瑣事由他去；吃苦享樂在一起，神仙羨慕好伴侶。」真的人生就像一場戲，生、旦、淨、末、丑，扮演眾生不同的角色，我們有時是主角，有時是配角，有時只是跑龍套而已。不管是演戲或是看戲，都不能太入戲、太認真，都要放輕鬆，抱持玩樂的心情去看待。

人生數十寒暑而已，有什麼好計較、好罣礙的呢？財富、名利、愛情，全都有如潮水一般，來來往往。人是空手而來，人也是空手而去。幾十年的歲月中，不管是苦樂、得失、禍福，多一點，少一點，大一點，小一點，長一點，短一點，都只是相對的意義，求不完，就苦不完。人生的相見、相聚，都是難得的情緣，卻要十分珍惜。

人要生氣是氣不完的，人要能懂得放下，懂得割捨，懂得知止，人生有什麼放不下的呢？人生遲早全部都要放下。塵歸塵，土歸土，人來自自然，人終畢回到自然。

人之所以會生氣，往往因為太計較，太愛比較，總希望自己比別人強，自已比別人好，自己的兒孫、家人，比別人強、比別人好。天下事一長一短，老天最為公平，祂不會把所有的優點給一個人，把所有的缺點給另一個人，每個人都有一些優點和缺點，只是有些人多一些優點，有些人多一些缺點而已。

每個人的福緣、福份不同，如果不懂得珍惜，擁有再多的福緣、福份，也不會快樂。如果我們生氣於那些對我們不友善、不禮貌的人，我們也只是跟他們一般見識而已，面對神經病的人，我們怎能跟他一樣神經病呢？至於遇到人生的挫折、困頓，我們更不能只是坐在那裡悲傷、生氣而已，我們應該把失敗視為淬勵，我們應該反省失敗的原因，記取教訓，贏得最後的成功。

七　知止在職場的運用

（一）以誠對己

一種米養百種人，有人志在高山，有人志於流水，鐘鼎山林各有天性，不可勉強。志氣遠大的人，以淑世報國為志業，要驚天地而動鬼神;志氣平淡的人，只求個人平安過日子，不愁吃穿就可以。所謂成功，是每個生命的自我完成，這個世界沒有最好的生活，只有最適合的生活，適合自己的生活就是最好的生活。

人各有命，有人天生富貴，有人天生貧賤；有人天生聰明，有人天生愚昧；人生並不是想怎麼樣就能怎麼樣，我們只能改變能改變的事，我們不能改變不能改變的事，我們只能珍惜所有，全力以赴。人生本來就是不圓滿的，能夠接受人生的不圓滿，才能追求圓滿的人生。金無十足，人無十全。健康的人不一定有錢，有錢的人不一定漂亮，漂亮的人不一定健康，也不一定有錢。

不過，雖然不是每個人都長得漂亮，可是每個人都可以活得很漂亮。長得漂亮是運氣，活得漂亮是能力。活得漂亮是自己的權利，也是自己的義務。身體是父母給的，名聲是自己得的，自己能過什麼樣的生活，全看自己想過什麼樣的生活。

人在面對自己的時候，從知止的角度而言，最重要的就是一個誠字，真誠而實在，不虛假、不誇張。誠是統攝眾德之源，所以，誠為真、誠為正、誠為勤、誠為樸。誠是盡己之性、盡人之性、盡物之性，誠是盡性的過程。一個人如果能夠做到誠的修養，就能得性情之正。

一個人最重要的是要能真誠的面對自己，接受自己。每個人在這個世界上都是獨一無二的。一枝草，一點露，天不生無用之人，每個人都有一些優點，都有一些缺點，成功的人是能不斷增加優點而減少缺點。人生像一本空白的支票簿，支票的價值靠自己去填寫，我們雖然不夠好，但不會是最差勁的，我們不能放棄自己，放棄希望，當然，我們也不能狂妄自大，目空無人。

1　人貴自知

人貴自知。人的天生稟賦，雖有聰敏庸愚之分，但是卻無礙於個人事業的成功、生活的喜樂。人的才華，各有所偏，有的人適合學工科，有的人適合學理科，有的人適合學文科，也有人不適合在學問上求發展，卻是個商業人才，或是運動場上的健將。如果一個人不了解自己的能力，不能順著自己的興趣與能力去發展，則將痛苦一生，一事難求。相反的，如果能夠及早發現自己的才幹，了解自己適合在哪一方面求發展，一開始即專心一意，虛心學習，終必能夠勝任愉快，事半功倍。

2　不滿足是進步的動力

不滿足的心理，是人類文明進步的主要動力。我們的衣、食、住、行、育、樂等等方面，由於前人不斷的發明和改進，才有今天這樣非凡的成就，否則的話，恐怕今天可能還住在山洞，穿著獸皮，過著最原始的生活。對個人來說，不滿足的心理，往往也是激發上進的一股力量。不管在生活享受方面，或是工作需求方面，每一個人都希望不斷地改善，使生活愈來愈舒適，愈富足，愈安逸。

奮發向上，是正確的人生觀，但是每個人天生的稟賦不同，每一個人的性向和能力有別，同一件事情，不是人人都能做成功的。別人擁有的成就，我們不見得也有機會、條件獲得，徒然羨慕別人的成就，只是增加自己的煩惱而已。人生的意義和價值，並不只是為了成大功、立大業，功名顯赫，永垂不朽，而是自我理想的實現與提升，能夠功成名就，固然令人羨慕，快樂做自己，才是最為重要；能夠盡心盡力，勇敢負責，犧牲奉獻，服務大眾，也一樣了不起。

3　適可而止

人生都有一些不圓滿，天下事一得一失，實在沒有什麼好算計。《老子》七十七章：「天之道，其猶張弓與！高者抑之，下者舉之；有餘者損之，不足者補之。」損有餘而補不足，這是天道。物戒太盛、太滿，「謙受益，滿招損。」名利是追求不完的，有錢的人希望更有錢，做官的人希望做更大的官。錢要多少才夠？不滿足的人永遠不夠。

「禍莫大於不知足，咎莫大於欲得。」人生的痛苦，主要是因為私心太重，欲望太多。「吾所以有大患者，為吾有身。」（《老子》第十三章）一個人能夠泯滅「我」的貪念，把私心消除淨盡，才可以解除人生的痛苦。知其所止，主要強調人生要有智慧，要知道自己的優勢和劣勢，要知道自己人生的極限，不要不自量力，自討苦吃，不要執迷不悟，愈陷愈深。人生是有限的，我們只有有限的歲月、有限的體力、有限的智慧、有限的財富。知止，就是要知道人生的極限，人不能妄自菲薄，人也不能貪得無饜。

（二）以敬待人

人生百態，林林總總，有人出身豪門，天生富貴；有人家境清寒，貧無立錐之地；有人天縱英才，出將入相，權傾一時；有人一介平民，胸無大志，平淡一生；有人天生麗質，面貌姣好，身材美妙；有人相貌平庸，身體多病，愁苦過日。我們不必羡慕、忌妒別人擁有的，也不必輕視、鄙賤別人所欠缺的。我們要平允，客觀的看待自己、看待別人。眾生平等，尊重是人生的第一堂課，沒有人可以因為沒有錢、或長相難看，而被看不起。

人在面對家人、面對社會大眾的時候，從知止的角度而言，最重要的就是一個敬字。尊重是人生的第一課，眾生平等。但是，老天是很公平的，老天不會把所有的好處都給一個人，所有的壞處都給另一個人。同時，天下事一得一失，有錢有有錢的好處，有錢也有有錢的壞處；沒錢有沒錢的壞處，沒錢也有沒錢的好處。其他諸如權力、美貌、健康……無不如此。人生有苦有樂，要善待自己，要寬待別人。

《孟子．滕文公》：「（舜）使契為司徒，教以人倫。父子有親，君臣有義，夫婦有別，長幼有序，朋友有信。」中國古代時對人際關係非常重視，把各種人際關係，歸結為五倫，並利用教育的方式，教導人民做人的道理，使人與人之間，能夠和睦相處，人人享受和諧快樂的生活。

人是群居的社會，個人與群體，都有或親或疏的關係，現代工商業社會，人與人之間互動，更加密切、複雜，除了五倫之外，近來也有第六倫之說，就是指群己關係。如何使各種人際關係，達到圓滿和諧關係呢？《中庸》：「知、仁、勇三者，天下之達道也。」又：「好學近乎知，力行近乎仁，知恥近乎勇。知斯三者，則知所以修身，知所以修身，則知所以治人，知所以治人，則知所以治天下國家矣。」

人生有智慧，生命就不會有無力感。俗話說：「做事難，做人更難。」其實，做人並不難，誠實為做人最佳的良策，做人最重要的是要真、要誠，即所謂「做事實實在在，做人誠誠懇懇。」其次，做人要懂得圓滿周到，不能有偏激的思想。

1　圓融是智者的通達

圓融是智者的通達。智者知道人生是不圓滿的，所以他不會苛責自己，也不會苛求別人，而能夠以一顆寬大的心，包容人生的殘缺。一個能夠接受人生不圓滿的人，才能享受圓滿的人生。圓融是對人對事通達的看法和做法，在做人處事各方面，都能夠考慮周詳，因人任事，不會求全責備。既能夠欣賞別人的優點，也能夠接納別人的缺點。

2 寬厚是仁者的度量

寬厚是仁者的度量。俗話說：「吃虧就是佔便宜。」為什麼呢？一方面因為有能力吃虧的人，才會吃虧；二方面吃一次虧，學一次乖，這次吃少虧，下次才不會吃大虧。因為吃虧而學得經驗，不是佔便宜嗎？何況在人與人的相處中，實在很難說誰佔誰便宜，張三佔了李四便宜，可能李四佔了王五的便宜，而王五卻佔了張三的便宜。人都是互動的，每一個人從出生到老死，都要借助於很多人的協助、照顧，每一個人不應該只是消費者，同時也要是生產者。

人生是計較不完的，天下事一得一失，人生要能捨得。寬厚得福，不只因為為善最樂，而且因為人生的事情很難說，今天我們有能力幫助別人，那天變得我們需要別人幫助了。寬厚待人，就像在銀行存款，是零存而整付，因為平常待人寬厚，樂於助人，到了自己有困難的時候，必然也會有很多援手。一個愈多付出的人，一定會有愈多的回報。

3 行善是勇者的志業

行善是勇者的志業。行善就是散播愛心，推廣愛行。愛是一份關懷、一份體貼、一份包容、一份接納。因為有愛，世界才不再黑暗，而遍地明亮。

勇者，擇善固執，堅持做對好事；勇者，義無反顧，雖千萬人吾往矣。勇者的力量，不是來自血氣的勇猛，而是來自道德的堅持。勇者的特質，是具有道德的信心與力量，只要是對的事，他都勇往直前，當仁不讓。勇者，見義勇為；勇者，為善最樂。勇者為了助人，可以犧牲自己，無怨無悔，一生以行善為志業。

孔子說：「知（智）者不惑，仁者不憂，勇者不懼。」智者灼見事理，明辨是非，故不惑；仁者宅心寬厚，善待別人，故不憂；勇者，見義勇為，當仁不讓，故不懼。一個人成為智者、仁者、勇者，當然是人生最高的理想，是人格最成熟的表現。

4 誠懇是真情的流露

誠懇是真情的流露。待人處世以誠懇為貴，誠懇才寬厚，誠懇才實在，誠懇才不虛偽，誠懇才不造假。一個待人處世都很誠懇的人，一定是令人敬重，令人樂於親近、交往。誠是統攝眾德之源，誠是盡性的過程，誠是人性的真情流露，誠是至真、至善、至美，誠與真、善、美同義。

生命是一種修持，我們很難自外於群體社會，今天的社會，五光十色，目不暇給，各種的刺激誘惑，紛至沓來，難以拒絕。君子有所為，有所不為，堅持對真理的執著，掌握大是大非的精神，才能撥雲見日，展現真誠實在的自然本性。

5 同情是生命的昇華

同情是生命的昇華。善用物則無廢物，善用人則無廢人。天不生無用之人，每個人都有一些長處，也都有一些短處，只是有些人長處多一點，有些人短處多一點。企業用人，當然要用其長處，不過，也要包容其短處；另外，面對生活在苦難之中的人，不管是在經濟方面，或是感情方面，或是健康方面，都需要有人安慰、鼓勵、肯定、支持。任何物質上的救助和精神上的撫慰，都會是求生者的救命繩索、救生圈。同體同悲，希望普天下的人，都能和樂安康，人生沒有苦難。

6　關懷是人性的光輝

關懷是人性的光輝。人是很孤單的，即使是一個非常堅強的人，也有其柔弱的時候，沒有人自認不必仰賴別人的幫忙，就可以在工作上、生活上，都能勝任愉快。別人的掌聲，激發我們百尺竿頭，更進一步，追求更卓越的成績；別人的安慰，鼓勵我們從挫敗中，勇敢的站起來，重新再試一次。

幫助別人，不是只限於物質方面，很多時候別人需要我們的幫助，只是一句鼓勵的話，或是一句安慰的話而已。不是每個人都有錢，可是每個人都有愛；不是每個人都缺錢，但是每個人都需要愛。給人關懷，給人安慰，給人信心，給人力量，就是愛的表現。

7　慈悲是最大的福慧

慈悲是最大的福慧。慈是愛，悲是憫；愛是關懷，憫是同情。人生有悲有喜，有人悲多喜少，有人喜多悲少，悲喜無常。如果人生是來受苦的，也要因為我們所受的苦，而使別人不必再受同樣的苦。佛家講空觀、禪定，目的是要能放、能忘，放下人生的得失禍福，忘懷人生的悲喜無常。人生有順有逆，有得有失，有人生來享福，有人生來受罪，一個人一個命，誰也怨不了誰。只有堅持慈悲的心，才能轉悲為喜，轉苦為樂，修得人生最大的福慧。菩薩的兩大心願，一是增進人間的喜樂，二是拔除人間的痛苦。學佛的人為了拔除人間的痛苦，自己甘心替眾生承擔痛苦；為了增進人間的喜樂，情願化為塵泥灰土，為眾生引渡涅槃。

在各種人際關係中，也有長官部屬的關係，有領導階層，有被領導階層。身為領導階層的人，他的能力和地位，當然應該被肯定、尊重，但是不能因為身居要津，高高在上，就驕矜自滿，任意役使下屬。古代的帝王自稱孤、寡、不穀，因為他們知道貴以賤為根本，高以下為基礎。守柔是合順的要領，我們常常因為心太剛強，所以跌的鼻青臉腫。心柔軟了，人就可愛了。強中自有強中手，我們不要和別人比強，守柔者最強。柔弱不是懦弱，柔弱是有更大的彈性，更大的包容。老子的人生智慧告訴我們：「人之生也柔弱，其死也堅強；萬物草木之生也柔脆，其死也枯槁。故堅持者死之徒，柔弱者生之徒。」（《老子》第七十六章）

8 處下是為上的途徑

處下是為上的途徑。處下是為了為上。擔任主管的人，不必事必躬親，要能分層負責，分工合作。領導階層的人，應該注意策略的發展，計畫的擬定，是帶領公司、企業永續發展的火車頭，而不是大小事情都要參與負責，聰明的長官，只管大事，不聰明的長官，大小事情都要管。為政之道，要能體天而行。自然界所以能夠維持和諧、平衡的秩序，是因為天地對於萬物採取自由放任，無為而無不為的態度，不偏不私，而不居功。

《老子》第六十六章：「江湖所以能為百谷王者，以其善下之，故能為百谷王。」是非總因強出頭。爭名利、爭得失、爭是非，都是起於私心，天地無私，所以能成其大，在上位的人，也要能夠大公無私，才不會有爭執怨尤。「謙受益，滿招損。」在上位的人以屬下的心來對待部屬，一方面可以體察部屬的辛苦，一方面表示與部屬一視同仁，上下一心。那麼，任何的行政體制，企業公司行號，必然業務興旺，所有員工都工作愉快。

（三）以勤處事

人在面對工作、學業、事業的時候，從知止的角度而言，最重要的就是一個勤字。一勤天下無難事。古今中外所有成功者都有一個共同的人格特質，就是他們知道自己要做什麼，而能夠全力以赴。這種全力以赴的精神，是一切事業成功的最重要因素。

做事的態度，有人是有做就好，有人是要做就要做好。前者缺少負責盡職的態度，所以敷衍隨便，凡事不經心、不用心，這種人想要成功是很難的。至於抱持全力以赴的態度，事情沒有做好，絕不輕言放棄，凡事用心、盡心，這種人不想成功也難。我有兩個堅持，一是堅持做對的事，一是堅持把對的事做更好，我有這兩個堅持，就不會做不正當的事，而且做任何事，一定盡心盡力，全力以赴。

任何一個人的成功或失敗，都不會是偶然的。只有懂得珍惜時間，勤奮工作的人，才有機會成功。整天糊里糊塗過日子，不知道自己想做什麼？該做什麼？也不盡力的人，能有什麼成就呢？

成功的人不是運氣好，而是比別人更多的努力；失敗的人不是運氣不好，而是努力不夠。勤於做事的人，好像比別人吃虧，多做了很多事，其實，吃虧就是佔便宜。因為肯做事、勤做事，所以比別人增加許多的工作經驗，也比別人增加許多成功的機會。

1 明確的目標

《大學》：「大學之道，在明明德，在親民，在止於至善。」止於至善，是非常高遠的目標，因為好是沒有極限的，在人生競技場上，一如運動場中，追求的更高、更快、更遠，更為傑出，更為卓越。不過，人各有志，每個人可以依自己的性向與能力，設定自己的人生目標。我的人生目標是生存有尊嚴、生活有品質、生命有價值，而且我有兩個堅持，一是堅持做對的事，二是堅持把對的事做更好。臺灣佛光山星雲大師訓勉信眾：「心存好心，口說好話，手做好事，腳走好路。」人生有目標，行為就不會有偏差。

在職場上，要隨時鞭策自己，不能好逸惡勞，而不求上進。但是，也不能太過於好高騖遠，不自量力，而是要有自知之明，量力而為。成功的因素很多，最重要的是要有定向、定力，抓住明確的目標，奮鬥不懈，一個心無定見的人，三心兩意，優柔寡斷，見異思遷，絕不會是成功的人。

2 拼搏的精神

企圖決定版圖，格局影響結局。一個人的心有多寬，世界就有多寬。路是無限的寬廣，但是路是靠人走出來的，行者常至，為者常成。不怕路長，只怕腿短；不怕山高，只怕志氣不高。志氣要比山高，只要有心、用心，有力、盡力，天下無難事。

人生像一場馬拉松賽跑，不是看誰第一個衝出去，是看誰第一個跑到終點。如果把人生比喻為一題數學演算題，在加加減減的過程中，重要的是看誰最後得到的是正數而不是負數。人生的帳是算總帳，不只爭一時，更要爭千秋。

想成功的人，才能成功。一般人都不甘於平凡，總覺得人生如果過得太平凡，人生就沒有什麼意思，尤其是年輕人，更是珍惜一生難再的青春，不願意青春留白，即使不能轟轟烈烈有一番作為，也要跌跌撞撞，讓生命留下美麗的回憶。能夠凌駕非凡，何必屈就平凡，這種不甘於平凡的心，就是企圖心。

人活著就是要為了爭一口氣。我們不是輸不起，而是不服輸，儘管在上天面前，我們常常是輸家，但是人貴立志，我們要有不服輸的精神，而且要有強烈的企圖心，追求更和諧、更圓滿的人生。

3 經驗的累積

創業要有資本。錢不是萬能，沒有錢，萬萬不能。有雄厚的資金，才有機會大展鴻圖，實現理想，否則巧婦難為無米炊，如果資金調度困難，每天要趕銀行三點半，哪裡還有閒情逸致，可以從容不迫的思考事業的經營呢？但是，事業的資本，有有形的資本，有無形的資本，雄厚的資金是有形的資本，豐富的經驗則是無形的資本。

生行不入，熟行不出，隔行如隔山。對於不熟悉的行業，千萬不要冒然涉入，不要看見別人賣服飾賺錢，自己也盲目地投下大筆資金開設服飾店。任何一個行業都有其竅門，如果不懂得竅門，別人賺了錢，自己卻會是賠了錢。

俗話說：「不怕慢，只怕站；不怕站，只怕轉。」很多人做一行，怨一行，常常換工作，只能停留在事業的基層，不能突破高升，更上層樓。經驗的獲得，不是一朝一夕就可以的，而是要經年累月的研究探討，累積許多的小成功，才能蔚然成為大成功。人生不怕犯錯，只怕有錯而不認錯，認錯而不改過，一錯再錯，沒有學到失敗的教訓。

有經驗的人，可以少走很多冤枉路；有經驗的人，可以很快上路，站在戰鬥位置，隨時接受各種考驗、挑戰；有經驗的人，就是有能力接受考驗和挑戰的人。如果我們自己沒有經驗，一定要找有經驗的人，才可以找到事業成功的契機。

4 創意的發展

朱熹〈讀書偶成〉詩：「半畝方塘一鑑開，天光雲影共徘徊。問渠那得清如許，為有源頭活水來。」池塘的水所以能夠非常的清澈，天上的雲彩，光影都能在水面上徘徊輝映，是因為有源頭的活水，滾滾而來，日新又新。流動的水，使池水十分的清明潔淨。

任何事業的成功，都不是無中生有，也不會是抄襲模仿，一定要有創意、創新。有好腦袋，才有好口袋，我們要用腦力賺錢，而不能只用體力賺錢。用體力所能賺到的錢是非常有限的，是非常辛苦勞累的，是事倍功半；用腦力所能賺到的錢，則是無限的希望，而且不必風吹日曬雨淋，是事半而功倍，前者是所謂的藍領階級，後者是所謂的白領階級。全世界百分之二十的白領階級，賺到了全世界百分之八十的財富，而百分之八十的藍領階級，卻只賺了全世界百分之二十的財富。

資源有限，創意無窮。我們做任何的事情，都不是無中生有，而是要推陳出新。江湖一點訣。我們如果只抄襲、模仿別人，是不能青出於藍而勝於藍。創意使有限的資源，變成無限可能的機會。我們因為站在巨人的肩膀，所以比巨人高。

一個人的成功，當然要前有所承，要借力使力，要順勢造勢。但是我們不能停留在別人的成就而已，而且像不像三分樣，我們學別人，未必盡得別人的精髓，最重要的要有自己的巧思、創意。

5　終生的學習

人生是一本讀不完的書，從小到大，從生到死，人生隨時都在學習，人生到處都是學問。我們並不是天生就會自己吃飯、自己穿衣服，人的很多能力，都是出生之後，才開始學會的。家是我們第一所學校，父母是我們第一個老師。我們從家庭學到了生活的技能，做人的規矩，到了幼稚園、小學、中學、大學，我們逐步學習更多的知能、技巧、專業、學問；即便離開了學校，步入社會，社會仍然是一所綜合大學。我們從學校學到規矩，我們從社會學到經驗。

以前我念中學的時候，老師在我畢業紀念冊題辭：「保持現狀，就是落伍。」後來我在大學執教，學生要我送他們鼓勵的話，我會寫：「進步少，就是落伍。」今天科技的發展，日以千里，不只保持現狀就是落伍，進步少就落伍。

一顆學習的心，是一顆年輕的心，永遠學習，永遠年輕；永遠年輕，永遠快樂。我們用財富裝飾房子，我們用智慧裝飾人生。學習是為了增長智慧和技能，學習不是只為了堆積知識。學習的意義，一方面要學，一方面要習，一面做一面學，一面學一面做，要學思並用重，要知行合一，理論與實務要能結合在一起，而不是只做到吊書袋、兩腳書櫥而已。

活到老，學到老，學習是一輩子的事。

八　結論

知止是一門攸關修身、齊家、治國、平天下的大學問。國家、國家，國之本在家，而「自天子以至於庶人，壹是以修身為本。」修身的道理，最重要的要能知其所止，止其所止。靜不是不動，靜是動的另一種方式，知止也不只講究停止、禁止，其積極面也在指追求的止境，如「止於至善」這句話，就是指人生要以至善為止境。

只要是人就有欲望，欲望是生命的動力。我們對欲望的追求，都是充滿新鮮和好奇，這些欲望的追求，尤其是口腹之欲，或是其他各種物質上的滿足，都是不斷的刺激，而且愈演愈烈，人如果不能知止、知足，就會成了物欲的奴隸。人要役物而不役於物，人成了物欲地奴役，就非常可憐了。

凡事偏了都不好，過猶不及。以飲食為例，沒有水、沒有食物，會渴死、會餓死，可是喝太多、吃太多，對身體的健康是有害而無益。人在情緒上的表現，以及人生理想的追求，也是如此。《中庸》：「喜、怒、哀、樂之未發，謂之中；發而皆中節，謂之和。中也者，天下之大本也；和也者，天下之達道也。致中和，天地位焉，萬物育焉。」達到中正和平的境界，才能使天地安居正位，萬物順遂生長。

我們常常因為要求太多，不能得到滿足，所以很痛苦。懂得不要求的人，才是快樂的人。做人很難不要求，但是可以少要求。家裡的房間再大，堆滿雜物，仍嫌壅塞。不只房間會有很多雜物，我們的心靈也有很多雜念、妄念、欲念，懂得把內心的雜念、妄念、欲念，消除乾淨，就是天下第一等有智慧的人。

總結而言，知止的功夫，對一切人的立身處世非常重要，不管是面對自己，或是面對家人、社會大眾，以及面對工作、事業、學業，在進退之間如何取捨，是要有很高的智慧。知止的真諦，不只是當止則止，也是當進則進，否則，人早晚會死，就坐著等死好了。

樂在心中，心中有愛

一　人生三部曲

王國維《人間詞話》：「古今之成大事業、大學問者，必經過三種之境界，昨夜西風凋碧樹，獨上高樓，望盡天涯路，此第一境也；衣帶漸寬，終不悔，為伊消得人憔悴，此第二境也；眾裏尋它千百度，驀然回首，那人卻在燈火闌珊處，此第三境也。」民國六十五年，我一面在台灣師大國研究所唸博士班，一面在幼獅文化公司編《幼獅文藝》，當時的主編是散文大作家王鼎鈞先生，他寫的人生三書——《開放人生》、《人生試金石》、《我們現代人》，在爾雅出版社出版，前後出版一百多版，打破台灣出版界的記錄，我附驥尾，也寫了人生三書——《向人生問路》、《與生命拔河》、《把生活安頓》，賣得也不錯，國防部買四萬套，作為部隊叢書，黃大洲先生當台北市長時，作為國中畢業生市長獎獎品。

佛家說：人生是苦海，的確，人都是哭著出來的，好像一出生就預知未來的日子不好過。人生沒有這個苦，就有別的苦，倒完今天的垃圾，明天還有明天的垃圾；洗完這個禮拜的髒衣服，下禮拜還有下禮拜的髒衣服，人生真有苦不完的事。

人生苦短。唐朝大詩人杜甫說：「人生七十古來稀」，老總統七十歲過生日，張群秘書長說：「人生七十才開始。」我的研究所教授林伊先生說：「人生七十古來稀，太悲觀；人生七十才開始，太樂觀；應該是人生七十才該死。」現代醫療發達，大家注重養生，一般人的壽命已超過七十歲，日本人超過八十歲，但是在歷史的長河裡，即使活到一百歲，也不過是白駒過隙，滄海一粟而已。李白〈春夜宴桃李園序〉：「夫天地者，萬物之逆旅；光陰者，百代之過客；浮生若夢，為歡幾何：古人秉燭夜遊，良有以也。」生命真是非常有限，非常值得珍惜。

人生也是無常的。如果我不是有緣和曾董鄰居，也沒有機會今天來和各位友尚科技公司的主管見面。如果有人問你天下什麼道理是不變的，你可以回答說：天下沒有一個道理是不變的。換句話說，「常者，無常也；無常者，常道也。」有一個男孩向他的女朋友說：「我永遠愛妳。」他的女朋友說：「愛，我懂，但是什麼是永遠？」

在這短、無常，又多苦惱的人生，我們如何自處呢？人生早晚會死，但是我們不能坐以待斃？說人生無常，卻也是人生之常。人生多苦難，我們卻能苦中求樂。《向人生問路》，以尋求生命的本質；「與生命拔河」，以追求生命的著力點；《把生活安頓》，做自己生命的主人。人生最重要的是要能當家作主，做自己生命的主人，活在別人的陰影裡，永遠看不到自己生命的陽光。我曾經聽一場演講，演講者問在座的太太們，晚上煮飯給誰吃？有的說給先生吃，有的說給小孩吃，主講者說不對，是給自己吃，先生小孩是來搭伙的，如果是為先生、小孩煮飯，先生、小孩不回家，不就會很生氣了嗎？

二　快樂是自找的

禍福自取，人生很多的煩憂，都是自找的，「煩惱是因為想不開，痛苦是因為不滿足。」每個人都想人生美滿，幸福快樂，卻往往捨近求遠，捨本逐末，甚至是緣木求魚。孔子說：「仁遠乎哉？我欲仁，斯仁至矣。」快樂近在咫尺，快樂不假外求。有一首佛家偈語：「到處尋春不見春，芒鞋踏遍嶺頭雲。歸來笑拈梅花嗅，春在枝頭已十分。」想得開，就快樂；想不開，就煩惱，如此而已。

人生的痛苦，往往因為欲望太多，貪得無饜，不知節制，尤其是物欲的無盡追求，因此，心中諸多罣礙，心靈不得自由，心靈不得自由，便有許多煩惱與痛苦了，人生最重要的是要擁有一顆自由的心靈。人生的存在，有種種的限制，人是被放置在充滿貧乏、恐懼、不安的環境當中，人要如何才能免於貧乏？免於恐懼？免於不安？人在物質方面的努力，只能解決一部分問題，人只有從精神上得到完全的自由解放，才能徹底解決人生所有的問題。

快樂是一種心境，快樂不是擁有很多，而是抱怨很少，對於一個不滿足的人來說，再多的財富都嫌不夠，一個人的財富，在於一個人的知足，一個人的幸福，在於一個人的感恩。

追求幸福快樂的人生，是每個人共同的願望，但是很多人卻活得很不快樂，這些不快樂的人，未必沒有健康的身體，曼妙的身材，富足的生活，而是他們不能接受自己的不夠完美，好，還要更好；多，還要更多，當欲望不能滿足的時候，也正是煩惱、痛苦開始的時候。快樂是捨得、施得的人，不是求得、貪得的人，我們對人、事，與物的要求愈少，才愈不會有無謂的煩惱與痛苦。

快樂是一種心境，快樂也是一種勇於負責的態度。快樂的人不是沒有問題，而是不把問題當問題，冷靜客觀的去面對問題、解決問題。逃避問題，不能解決問題。我們不能閉著眼睛以為看不見，我們不能摀著耳朵以為聽不到。快樂是專心的、全力的去做一件事。美學有一個很重要的觀念，就是美感經驗。所謂美感經驗，就是指我們的心理活動，專注於所見的孤立、絕緣的意念，就像畫家眼中的古松，不在乎古松是什麼科的植物，它的特性如何？它值多少錢？它能作什麼用？美在剎那間，是畫家唯一內心的對象，只是聚精會神的觀賞古松的蒼翠、盤屈的線紋，以及昂然高舉，不受屈撓的氣概，甚至設身處地，把自己想像成那棵古松，高風亮節，傲笑群倫。

三　態度決定高度

一個人成就的大小，不在於先天是否具備優渥的條件，而在於內在心靈的企圖心。一個想成功的人才會成功，一個怕失敗的人就會失敗。觀念改變，態度就會改變；態度改變，行為就會改變；行為改變，習慣就改變；習慣改變，性格就改變；性格改變，人生就改變。一個人快樂、不快樂，取決於自己的態度，是樂觀的呢？或是悲觀的呢？非洲人不穿鞋子，樂觀的人說非洲有很大的賣鞋子的市場；悲觀的人說非洲一點也沒有賣鞋子的市場。一個樂觀進取的人，多半比悲觀消極的人，有更多成功的機會。

快樂之道，全靠自己去體認，只要能以超然的心態，通達自適，自能從悲苦的現實中，提拔出來。快樂只是內心的自足，是自我價值的肯定，而不是對外物的追求，功名富貴尤其不能給人帶來真正的快樂，陳立夫先生曾說：「無取於人斯富，無求於人斯貴，無損於人斯壽。」真是一句至理名言。我們一般人眼中的大富大貴，是指賺大錢、做大官的人，其實，真正的財富，並不是只看得見的錢財聲勢，而是內在生命的富足寬厚、愉悅舒坦。一個人能夠俯仰不怍，問心無愧，才是最富足、最尊貴的人。也會是最快樂的人。

四　樂在工作，樂在心中

工作是為了生活，很多人為了生活，而疲於工作，由於工作過於疲累，根本無法享受生活的快樂，日復一日，不只生活煩苦無趣，也直接影響工作的品質與效率。

如何才能樂在工作呢？首先要樂在心中，打從心裡體會快樂是人生第一要義，只有自己能快樂的人，才能使別人快樂，面對一張哭喪著的臉，別人是笑不出來的。人生雖然有很多煩苦的事，人生也有很多值得快慰的事。天下事一得一失，高山的背後，往往就是深谷。雖然未必苦樂參半，但是絕不是只有苦而已。快樂在哪裡？端看有沒有心去發覺而已。

這個世界不缺少美，只是缺少發現，這個世界也不缺少快樂，也只是缺少發現。夜深人靜的時候，一杯茶，一本書，逍遙自得，當下就是人生至境；我們實在不必為了買名牌衣飾，吃昂貴佳餚，住奢華豪宅，而疲於奔命，勞碌一生。

樂在工作，先要樂在心中，以工作為樂，而不是以工作為苦。如何才能以工作為樂？當然，先要肯定自己的工作，不只是為了支應生活的費用，而是為了興趣，為了能力的發揮和學習的成長，以及奉獻犧牲的意願。樂在工作，先要對工作有興趣，才能在工作中得到快樂。培養對工作的興趣，就是選擇所愛，在工作中得到快樂，就是愛所選擇。

「男怕選錯行，女怕嫁錯郎。」其實，任何人對工作的選擇，都要謹慎小心，量力而為。待遇不是選擇工作的唯一指標，如果工作不愉快，不能勝任，再好的待遇，也做不久，做不好。

其次，工作的環境和工作的伙伴，也是影響能否樂在工作的因素。優質的工作環境，置身其中，就有被尊重的感覺，被尊重是人類五大需求之一。良好的工作伙伴，互助互信，才能發揮團隊的力量。每個人出一分力，十人就有十分力。一人出一分力很容易，一人要出十分力則很難。新的企業觀點，不只要以客為尊，也要以員工為尊，因為不只顧客是老闆賺錢的命脈，員工也是老闆賺錢的命脈，所以，把同事視為家人，這是一股看不見的強大競爭力。

以企業而言，所謂管理，乃是運用組織、計畫、協調、指導、管制等基本行動，以期有效利用人員、物料、機器、方法、金錢、市場、士氣等基本因素，促進其相互密切配合，發揮最高效率，以達成機構之目標與任務。現代管理學之父彼得·杜拉克《巨變時代的管理》一書說：「管理，就是透過他人，把事情辦妥。」現代管理學的概念，強調以服務代替領導，以輔導代替訓導。一個企業的成敗，除了要有完善的制度，最重要的是對人的管理，和諧的人際關係，是企業成功的基礎，不管是小公司或是跨國大企業，如果人事不安定，經營一定會出問題。企業的成功，不只靠個人或少數人的聰明才智建立起來的，而是整體企業員工通力合作打造出來的。

老闆帶領幹部，主管帶領部屬，帶人要帶心，首先要員工樂在工作，樂在心中。有安定的員工，才有安定的企業。

要員工工作安定，一定要先員工心情安定，樂在工作，樂在心中。自樂樂人，老闆自己很快樂，才能讓幹部很快樂；主管快樂，部屬才快樂；部屬快樂，工作才有績效，產品品質才能提升；業務人員有快樂的心情，才能熱心、誠心、用心、恆心、貼心、歡心而讓客戶有信心。我曾為曾董及夫人以他們的大名和貴公司的寶號作了一個對子：「國士多福友樂瑪，棟樑在家尚緣理。」我第一次見到曾董和夫人，他們都是充滿歡喜心，我就知道貴公司的業務一定是欣欣向榮，蓬勃發展。我上次到貴公司拜訪，接待人員自然而親切的笑容，也讓我感受到員工旺盛的工作效率，真是可喜可賀。

「晚上跳舞的老闆，常常會跳票；早上跑步的老闆，一定不會跑路。」曾董熱愛運動，除了擅長打高爾夫球，在我們社區，一早就起來和夫人騎腳踏車運動。有健康的身體，才有健康的心理，「企圖決定版圖」，「格局影響結局」，「能夠凌架非凡，何必屈就平凡」，貴公司在曾董及夫人的帶領下，旺盛的企圖心，業績長虹，一日千里，是顯然可見的。

如何讓同事隨時也能保持旺盛的企圖心呢？佛家說：「一切由心造。」態度決定高度，每個同事如果都能把自己的工作，不只看為一份職業，也是一份事業，更是一份志業，格局就放寬、放大了。職業只是為了混口飯吃，事業是生命的發展，志業是理想的發揮。人是為理想而生活，目標有多遠，成就才有多大。

其次，是對自己的工作有濃厚的興趣，因為有興趣，才會樂此不疲，才會勇於接受挑戰，勇於學習新知識、新技能，不辭辛勞，勇往直前。

再其次，要樂於服務，樂於付出，不貪不求，無怨無悔。從工作和服務中肯定自我存在價值，誠懇真摯，以歡喜心善待自己，寬待別人，助人為樂，無取無求。今天的社會所以會如此擾攘不安，主要是因為私心太重。很多人心中只有自己，沒有別人，只有個人，沒有群體，為了滿足一己的私心，往往不擇手段，傷害群體。志工、義工，並不必有太多的條件，只要有心、有力，我們隨時隨地都可以服務別人，服務大眾，對別人的多一分服務，就是給自己多一分福報。

生活是一種習慣，有好的習慣，不只自己從容自在，別人也樂於相處。一個充滿歡喜心的人，人緣一定很好，人脈就是錢脈，良好的人際關係，就是一個人最大的財富，而且滿心歡喜的人，一定是健康、幸福。

五　心中有愛，人生最美

樂在工作，是樂在自己，但是如果工作的項目是業務的推廣而不是產品的生產，對象是人而不是物，則是與人為樂，助人為樂，以幫助別人的快樂，作為自己的快樂。那麼，便是要把對自己的小愛，擴大為對別人的大愛。

心中有愛，人生最美。愛是一份關懷，一份體貼，一份包容，一份接納。愛從尊重開始，愛是真誠的付出，愛是利他的具體表現，愛是人性的光輝。這個世界因為有愛而更為光輝亮麗，這個世界如果少了愛，也就少了色彩，少了光芒。

美麗從心開始，人不因美麗而可愛，是因可愛而美麗。愛人從自愛開始，唯自愛者能有所愛，唯自愛者才有能力愛人，唯自愛者才有條件被愛，自愛不是自私，而是自尊自重，讓我們每一個人都成為值得被愛的人。

愛心讓彼此的距離更接近，真正的慈悲，沒有憤怒，只有愛，快樂的祕訣就是寬恕，圓融是智者的通達，寬厚是智者的度量，行善是勇者的志業。快樂來自有意義的生活，尋找快樂的秘方，就是多和快樂的人在一起，多和有愛心的人在一起，因為熱情讓生活加溫。

六　結論

企業的改進，從人心改進開始，有快樂的員工，就有成功的企業。笑是靈魂的音樂，笑容是最好的佈施，愉快的性格是成功的標記，祝福各位歡喜作自己，樂在工作，樂在心中，而且心中有愛，生活美滿。在生活中有歌、有詩，在生活中有愛、有樂。

國家圖書館出版品預行編目(CIP)資料

老莊智慧談職場逆中求勝法則/朱榮智 著. -- 初版. – 臺北市 : 萬卷樓, 2011.06

面； 公分

ISBN 978-957-739-709-6 (平裝)

1.職場成功法

494.35 100010437

老莊智慧
談職場逆中求勝法則

ISBN 978-957-739-709-6

2011 年 7 月初版 平裝

定價：新台幣 **300** 元

主　　編　朱榮智
發 行 人　陳滿銘
總 編 輯　陳滿銘
副總編輯　張晏瑞
校　　對　林秋芬
封面設計　吳東霙

出 版 者　萬卷樓圖書股份有限公司
編輯部地址　106 臺北市羅斯福路二段 41 號 9 樓之 4
電話　02-23216565
傳真　02-23218698
電郵　wanjuan@seed.net.tw
發行所地址　106 臺北市羅斯福路二段 41 號 6 樓之 3
電話　02-23216565
傳真　02-23944113
印 刷 者　百通科技股份有限公司

新聞局出版事業登記證局版臺業字第 5655 號

網路書店　www.wanjuan.com.tw
劃撥帳號　15624015